高等院校应用型本科精品教材

U0169406

C 语言程序设计实用教程

主 编　张俊芳　牛作领　孙文高　姬冠妮

西南交通大学出版社

·成 都·

内容简介

本书按照知识讲解与能力训练并重的原则编写，以目前计算机等级考试二级 C 语言考试环境 ——VC++2010 软件为编译环境，每章配以相当数量的例题、上机练习与课后习题，便于读者学习并掌握 C 语言知识。本书共 9 章，主要内容包括初识 C 语言、C 程序数据描述及计算、程序设计基本结构、数组、函数、指针、结构体与共用体、位运算、文件等。

本书可作为各类高等院校计算机专业及理工类非计算机专业学生学习 C 语言程序设计的教材，还可作为工程技术人员和计算机爱好者学习 C 语言程序设计的参考书。

图书在版编目（CIP）数据

C 语言程序设计实用教程 / 张俊芳等主编. —成都：西南交通大学出版社，2020.1（2024.1 重印）
高等院校应用型本科精品教材
ISBN 978-7-5643-7336-8

Ⅰ. ①C… Ⅱ. ①张… Ⅲ. ①C 语言 – 程序设计 – 高等学校 – 教材 Ⅳ. ①TP312.8

中国版本图书馆 CIP 数据核字（2020）第 012786 号

高等院校应用型本科精品教材
C Yuyan Chengxu Sheji Shiyong JiaoCheng
C 语言程序设计实用教程

主　编	张俊芳　牛作领	责任编辑 / 李华宇
	孙文高　姬冠妮	封面设计 / 何东琳设计工作室

西南交通大学出版社出版发行
（四川省成都市金牛区二环路北一段 111 号西南交通大学创新大厦 21 楼　610031）
发行部电话：028-87600564　028-87600533
网址：http://www.xnjdcbs.com
印刷：成都中永印务有限责任公司

成品尺寸　185 mm×260 mm
印张　14　　字数　348 千
版次　2020 年 1 月第 1 版　　印次　2024 年 1 月第 3 次

书号　ISBN 978-7-5643-7336-8
定价　35.00 元

课件咨询电话：028-81435775
图书如有印装质量问题　本社负责退换
版权所有　盗版必究　举报电话：028-87600562

前　言

　　C 语言是国内外广泛使用的程序设计语言之一。它以功能强大、表达能力强、使用灵活方便、兼具面向硬件编程的低级语言特性及通用性、可移植性等语言特性，成为软件开发的主流语言之一。C 语言具有丰富灵活的控制和数据结构、简洁高效的表达式语句、清晰的程序结构等优点。C 语言不仅适合于系统软件设计，也适合于应用程序设计，在操作系统、工具软件、图形图像处理软件、数值计算、人工智能及数据库系统等多个领域都得到了广泛的应用。目前，许多开发工具都遵循着标准 C 语言的基本语法，很多嵌入式系统也都采用 C 语言开发。可以说，C 语言是程序开发人员必须掌握的程序设计语言，也是国内外高校广泛学习和普遍使用的一种重要的计算机语言。目前，全国计算机等级考试、全国计算机应用技术证书考试、全国计算机职业资格认证等都将 C 语言列入考试范围。学习和使用 C 语言已成为广大计算机应用人员和学生的迫切需求。

　　C语言程序设计是各类院校针对理工类专业开设的一门程序设计类基础课。为使学生尽快入门该课程，对该课程产生学习兴趣，进而制定学习目标，一步一步实现该目标，从而达到学有所成。本教材采用由易到难、边讲边练、构建知识逻辑结构等方法让学生在学习中感受到学习的乐趣。

　　本书具有以下特点：

　　（1）采用全国计算机等级考试二级 C 语言考试环境——VC++2010 软件为编译环境。方便学生较早熟悉二级考试编译软件，同时介绍了目前手机端 C 程序的编译程序——C4droid 的应用，方便学生应用智能手机练习 C 程序。

　　（2）吸取了众多同类 C 语言教材的优点，章节安排由浅入深、循序渐进。通过精心设计的例题，着重介绍 C 程序设计的基本方法，加强了结构化程序设计和常用算法的训练，这样使读者既能掌握 C 语言基础知识，又能掌握程序设计的基本方法。

　　（3）注重改革实践教学。每章都有相应数量的上机实训内容，对应本章所学内容的练习。程序设计是听不会、看不会的，只能通过大量的编程练习，在实践中掌握语言知识，从而培养程序设计实践能力。

　　（4）注重知识框架构建。每章小结部分给出了用思维导图表示的本章知识框架结构，建议读者能够进一步完善每一章的知识结构。通过构建知识架构，进一步理解各知识点的关系和逻辑层次。

　　本书共分为 9 章，主要内容包括初识 C 语言、C 程序数据描述及计算、程序设计基本结构、数组、函数、指针、结构体与共用体、位运算、文件等。本书由西安交通工程学院张俊芳、牛作领、孙文高和姬冠妮担任主编。具体编写工作分配如下：第1、7、8、9章由张俊芳编写，第3章由姬冠妮编写，第2、4章由牛作领编写，第5、6章由孙文高编写。全书由张俊芳统稿。本书在编写过程中，得到了陈建铎教授的指导和帮助，在此表示衷心感谢。

由于作者水平有限，书中难免存在不足之处，敬请有关专家和广大读者不吝指正。

编 者

2019 年 11 月

目 录

第 1 章　初识 C 语言

C 语言是国际上广泛使用的计算机高级语言，它不仅具备高级语言易学、易用的特点，还具备低级语言高效率的特性。本章将介绍 C 语言的发展及特点、C 程序的主要组成部分、C 程序的编译环境和一些必备的知识，从了解 C 语言的开发环境、熟悉 C 程序的开发流程到第一个 C 程序的编写，来一探 C 语言的奥秘。

【学习目标】

- 了解 C 语言的发展及特点
- 掌握 C 程序的基本结构和组成
- 熟悉 Visual C++ 2010 的程序编辑环境
- 熟悉 C4droid 手机端 C 程序的编译环境
- 熟练使用上述环境编写并运行第一个 C 程序

1.1　C 语言简介

目前，人们使用的程序设计语言有上百种，它们中大多数被称为计算机的"高级语言"。这些语言都是用接近人们习惯的自然语言和数学语言作为表达形式，便于人们学习和操作。C 语言是近年来非常流行的程序设计语言，是一种面向过程的通用程序设计语言，很多人宁愿放弃已经熟悉的其他语言而改用 C 语言。

1.1.1　计算机语言概述

计算机语言的种类非常多，总的来说可分成机器语言、汇编语言和高级语言三大类。

1. 机器语言

机器语言是由 0、1 组成的机器指令的集合，是第一代计算机语言。计算机所使用的是由 0 和 1 组成的二进制数，二进制是计算机语言的基础。计算机发明之初，人们只能写出一串串由 0、1 组成的指令序列交由计算机执行，这种计算机能够认识的语言，就是机器语言。机器语言难读、难记、难写，容易出错，且不同机型不兼容。

2. 汇编语言

为了减轻使用机器语言编程的烦琐，人们进行了一种有益的改进，用一些简洁的英文字母、字符串来替代一个特定指令的二进制串。例如，用 ADD 代表加法，MOV 代表数据传递，使程序比较直观，易于阅读和理解，更容易实现纠错及维护，这种程序设计语言就称为汇编语言，即第二代计算机语言。然而计算机是不认识这些符号的，这就需要一个专门的程序负责将这些符号翻译成二进制的机器语言，这种翻译程序被称为汇编程序。

3. 高级语言

机器语言和汇编语言都是面向机器的语言，与计算机硬件密切相关。高级语言则是面向问题或是过程的语言，如 Fortran、Basic、C 等。用高级语言编写的程序可在不同类型的计算机中运行。

用高级语言编写的程序不能直接被计算机识别，必须经过转换才能执行，按转换方式可分为两类：解释类和编译类。

（1）解释类：应用程序源代码一边由相应语言的解释器翻译成目标代码，一边执行，因此效率比较低，而且不能生成可独立执行的可执行文件，应用程序不能脱离其解释器，但这种方式比较灵活，可以动态地调整、修改应用程序。

（2）编译类：编译是指在应用源程序执行之前，就将程序源代码翻译成目标代码，因此其目标程序可以脱离其语言环境独立执行，使用比较方便，效率较高。但应用程序一旦需要修改，必须先修改源代码，再重新编译生成新的目标文件才能执行，如果只有目标文件而没有源代码，修改会很不方便。现在大多数的编程语言都是编译型的，如 Visual Basic、Visual C++、Visual FoxPro、C 语言等。

1.1.2　C 语言概述

1. C 语言的发展

在 C 语言诞生以前，系统软件主要是用汇编语言编写的。由于汇编语言程序依赖于计算机硬件，其可读性和可移植性都很差；但一般的高级语言又难以实现对计算机硬件的直接操作，于是人们盼望有一种兼有汇编语言和高级语言特性的新语言——C 语言。

C 语言是在 B 语言的基础上发展起来的，它的根源可以追溯到 1960 年出现的 ALGOL 60。ALGOL 60 是一种面向问题的高级语言，但离硬件比较远，不宜用来编写系统软件。1963 年英国剑桥大学推出了 CPL 语言，它是在 ALGOL 60 的基础上发展起来的，更接近硬件，但规模较大，难以实现。1967 年，英国剑桥大学的 Martin Richards 对 CPL 做了简化，推出了 BCPL 语言。1970 年，美国贝尔实验室的 Ken Thompson 以 BCPL 为基础，设计出了简单而且很接近硬件的 B 语言，并用 B 语言编写了第一个 UNIX 操作系统，在 PDP-7 上实现。1971 年在 PDP-11/20 上实现了 B 语言，并编写了 UNIX 操作系统。但 B 语言过于简单，功能有限。1972—1973 年，贝尔实验室的 D. M. Ritchie 在 B 语言基础上设计出了 C 语言。C 语言既保持了 BCPL 和 B 语言的优点，又克服了它们的缺点。1973 年，Ken Thompson 和 D. M. Ritchie 合作把 UNIX 的 90%以上用 C 语言改写，即 UNIX 第 5 版。

虽然对 C 语言进行了多次改进，但主要还是在贝尔实验室内部使用。直到 1975 年 UNIX 第 6 版公布后，C 语言的突出优点才引起人们的注意。1977 年出现了不依赖于机器的 C 语言编译文本"可移植 C 语言编译程序"，使 C 语言移植到其他机器时所需做的工作大大简化，这也推动了 UNIX 操作系统迅速在各种机器上的实现。可以说，C 语言与 UNIX 是一对孪生兄弟，在发展中相辅相成。1978 年以后，C 语言已先后移植到大、中、小、微型机上，已独立于 UNIX 和 PDP 了。

1983 年，美国国家标准化协会（ANSI）根据 C 语言问世以来各种版本对 C 语言的发展和扩充，制定了新的标准，称为 ANSI C。1987 年 ANSI 又公布了 C 语言新标准——87ANSI C。1990 年，国际标准化组织 ISO 接受了 87 ANSI C 为 C 语言的国际标准。目前流行的 C 编译系统都是以 ANSI C 为基础的。

目前流行的 C 语言的编译器有 Microsoft C/C++、Borland C/C++、Visual C++ 2010、Win-TC、Turbo C/C++ for Windows 集成实验与学习环境等，各种版本基本部分是相同的，但略有差异，因此应了解所用计算机系统配置的 C 编译系统的特点和规定。

2. C 语言的特点

C 语言之所以能存在和发展，并具有生命力，在于它有不同于其他语言的特点。C 语言的主要特点如下：

（1）简洁、紧凑。C 语言一共只有 32 个关键字、9 种控制语句。

（2）运算符丰富。C 语言共有 44 种运算符。它把括号、赋值、强制类型转换等都作为运算符处理，从而使 C 语言的运算类型极其丰富，表达式多样化。

（3）具有丰富的数据类型。C 语言具有整型、实型、字符型、数组类型、指针类型、结构体类型、共同体类型等，能方便地构造更加复杂的数据结构（如链表、树、栈等）。

（4）是一种结构化的程序设计语言。C 语言具有结构化的控制语句（如 if、switch、for、while、do…while）。用函数作为程序的模块单位，便于实现程序的模块化。

（5）语法限制不严格，程序设计灵活。例如，C 语言不检查数组下标越界，C 语言不限制对各种数据转化（编译系统可能对不合适的转化进行警告，但不限制），不限制指针的使用，程序正确性由程序员保证。灵活和安全是矛盾的，对语法限制的不严格可能也是 C 语言的一个缺点，黑客可能使用越界的数组攻击用户的计算机系统。

（6）能进行位操作，可以直接对部分硬件进行操作。例如，C 语言可以直接操作计算机硬件，如寄存器、各种外设 I/O 端口等；C 语言的指针可以直接访问内存物理地址；C 语言类似汇编语言的位操作可以方便地检查系统硬件的状态。

（7）可移植性好。用 C 语言编写的程序基本上不需要修改或只需要少量修改就可移植到其他的计算机系统或操作系统中。

（8）C 语言编译后生成的目标代码小，质量高，程序的执行效率高。有资料显示其效率只比汇编语言代码的效率低 15%左右。

1.2　C 程序简介

C 程序是由 C 语言的若干语句序列组成的，C 程序的基本结构是函数。通常一个 C 程序包含一个或多个函数，一个函数由若干 C 语句构成。

为了了解 C 程序的结构特点，我们先看几个 C 程序，从简单到复杂，表现了 C 程序在组成结构上的特点。虽然有关内容还未介绍，但可以从这些例子中了解一个 C 程序的基本组成和书写格式。

1.2.1 C 程序的总体结构

【例 1.1】输入长方形的长和宽，计算面积。

程序代码如下：

```
#include<stdio.h>              //（包含输入输出函数）
int main ( )                   //函数名（参数）——主函数
{
  float a,b,area;             //变量声明
  scanf("%f,%f",&a,&b);       //输入数据给变量
  area=a*b;                   //计算面积
printf("area=%f\n",area);     //输出变量的值至显示器
}
```

程序运行结果：

```
2,3
area=6.000000
```

【例 1.2】通过函数调用实现输入长方形的长和宽，计算面积。

程序代码如下：

```
#include<stdio.h>              //头文件（包含输入输出函数）
float area(float a,float b)    //子函数定义
{
float s;                       //声明变量 s
s=a*b;                         //计算面积
return s;                      //返回计算的结果，带回调用处
}
void main()                    //主函数
{
float x,y,s;                   //声明变量
scanf("%f,%f",&x,&y);          //从键盘给变量输入值
s=area(x,y);                   //调用子函数 area 计算面积
printf("s=%f\n",s);            //输出计算结果
}
```

程序运行结果：

```
2,3
s=6.000000
```

通过以上例子可以看出，C 程序的主要组成部分有预处理命令、函数、输入与输出、语句和注释。

1. 预处理命令

预处理命令是程序一开始中以符号"#"开头的命令。在 C 语言程序中，常用的预处理命

令有 3 类,即文件包含、宏定义和条件编译。例 1.1 和例 1.2 中的第一条命令就是预处理命令,意在程序编译时先打开包含有输入输出函数的头文件"stdio.h"。

2. 函　数

函数是用于实现相对独立功能的程序段,具有严格的定义格式,一般由函数首部和函数体组成,是 C 语言程序的基本组成单位。在一个 C 程序中,有且只能有一个名为 main 的函数,该函数称为主函数。程序执行始终是始于主函数,结束于主函数。在主函数中可调用系统提供的库函数和用户自定义的函数。主函数的书写位置自由,任何非主函数都不可以调用主函数。函数具体内容见第 5 章。

3. 输入与输出

输入、输出是指程序和用户之间进行数据或信息的传递。C 语言没有定义输入、输出语句,但在程序中可以调用库函数来实现输入、输出功能。例如,例 1.1 中的 scanf()函数调用输入函数,等候用户输入数据并赋值给相应的变量;printf()函数调用输出函数,输出运行结果。

在调用库函数之前,一般需要在程序的开头使用预处理命令"#include<文件名>"说明,也就是包含。

4. 语　句

语句由单词(关键字)按照一定的语法规则构成。例如,例 1.1 和例 1.2 中函数内部的每一行都是一条语句。C 语言中有多种类型的语句用来构成函数,再由函数构成程序。C 程序中的每个语句都是以分号(;)作为语句结束符的。

5. 注　释

注释是对语句或者程序进行说明的文字,以便于程序员和用户阅读,可以和程序一起存储,但不参加编译,也不会出现在目标程序内。注释语句对程序不起实质性作用,其格式如下:
//注释内容　　(行注释)或者　/* 注释内容 */(段注释)

1.2.2　C 程序的书写规则

C 语言语句简练、语义丰富、格式灵活,为了提高程序的可读性,应该遵循 C 程序的书写规则,养成良好的书写习惯。

C 程序的书写规则如下:

(1)一般情况下,一条语句写在一行,以分号结束。C 语言程序的书写格式比较自由,允许一行写多条语句,也允许一条语句分几行书写,但是每条语句都必须以分号结束。

(2)用花括号标明程序的层次结构。

(3)采用逐层缩进格式,使程序层次清楚、可读性好。通常每个层次向右缩进两个字符或是一个制表符。

(4)标识符、关键字之间加空格间隔,若已有间隔可不加。

(5)使用注释,提高程序可读性。

1.3 C 程序的开发过程

C 语言是一种编译型的程序设计语言。用 C 语言开发程序，需要一个开发环境。目前流行的集成开发环境有 Turbo C、Win-TC、Borland C++、Visual C++、Microsoft C 等。本节将以 Visual C++2010 和手机端 C 程序编译器 C4droid 为开发环境介绍 C 程序的上机操作过程。

1.3.1 C 程序的实现过程

从编写一个 C 程序到完成运行得到结果一般需要经过 4 个步骤，即编辑、编译、连接、执行。

1. 编 辑

编辑是将源程序通过键盘逐个字符输入编译器，并加以修改，最后以文本文件的形式保存到磁盘文件中，其文件扩展名为.c。

2. 编 译

编译是将已编辑好的源程序翻译成二进制的目标代码的过程。在编译时，要对源程序进行语法检查，如发现错误，则编译失败，显示错误信息。此时需要对源程序进行修改，直至编译通过为止，编译通过会生成扩展名为.obj 的目标文件。

3. 连 接

连接是将程序中各个模块的二进制目标代码与系统标准模块经过连接处理后，得到可执行文件，其扩展名为.exe。

4. 运 行

直接运行可执行文件即可得到程序运行结果。通常，在 DOS 环境下直接输入可执行文件名，或是在 Windows 环境下双击文件名都可运行该程序。

1.3.2 在 Visual C++ 2010 环境下实现 C 程序

Visual C++ 2010 提供了可视化的集成开发环境，主要包括文本编辑器、项目管理器、解决方案资源管理器等实用开发工具。Visual C++ 2010 分为标准版和学习版，本书以学习版作为编程环境。

1. Visual C++ 2010 主界面

在 Windows 系统任务栏中，执行"开始"→"所有程序"→"Microsoft Visual Studio 2010 Express"→"Microsoft Visual C++ Express"命令，即可启动 Visual C++ 2010 集成开发环境，其主要界面如图 1.1 所示。

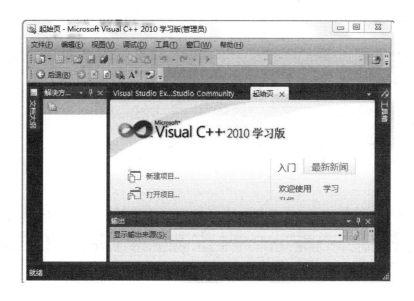

图 1.1 Visual C++2010++主界面

2. 在 Visual C++2010 中实现 C 程序

1) 新建项目

执行"文件"→"新建"→"项目"命令，打开"新建项目"对话框，如图 1.2 所示。在此对话框下，选择项目模板"Visual C++"→"Win32"→"Win32 控制台应用程序"，输入一个项目名称，选择保存位置，点击"确定"按钮，即可打开 Win32 应用程序向导对话框，勾选"空项目"，点击"完成"按钮，即可建立一个空的项目文件。

图 1.2 新建项目

2) 新建程序文件

项目建立好后，在解决方案资源管理器内可看到已建立的项目文件。展开项目文件，在"源文件"上右击，在弹出的快捷菜单中选择"添加"→"新建页"，会打开"添加新项"对话框，如图 1.3 所示。

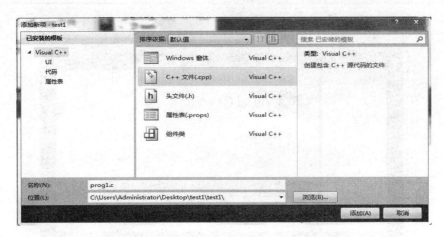

图 1.3　新建文件

在此对话框中，选择文件类型为"C++文件"，输入文件名。这里一定要注意，输入的文件名必须带有.c 的扩展名，表示要建立一个 C 语言程序。默认扩展名为.cpp，是 C++源程序。单击"添加"，即可打开 C 程序的编辑窗口，如图 1.4 所示。

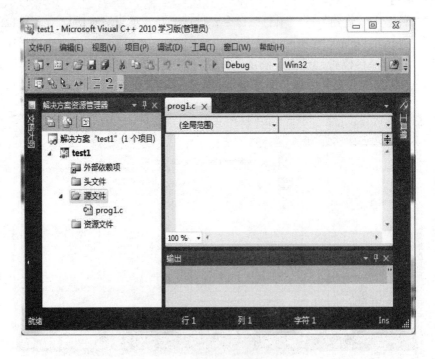

图 1.4　C 程序编辑窗口

3）编写代码、运行程序

在程序编辑窗口中输入程序代码，源程序代码输入完毕后，单击菜单栏中的"调试"→"启动调试"命令，或者按"F5"快捷键，开始调试程序。程序调试通过后，直接弹出运行结果，随后消失。

需要说明的是，Visual C++ 2010 没有在程序最后添加暂停代码，所以结果会一闪而过。若是想让程序运行结果停留一下，按任意键继续的话，需要 main 函数内的 return 语句之前加上"system("pause");"语句，并且需要包含"stdlib.h"头文件。因为 system 函数是在 stdlib.h 头文件里面定义的。

程序的调试和运行结果如图 1.5 所示，按任意键即可结束程序调试。

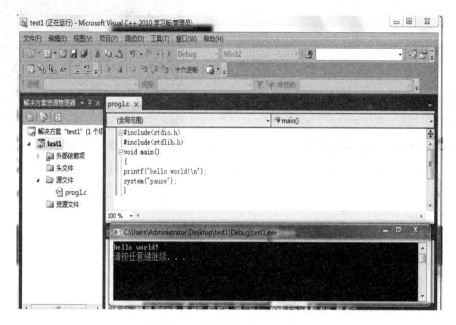

图 1.5　程序的调试和运行

4）退出开发环境

每次完成操作后，必须安全地保存已经建立好的应用程序和数据，应该正确地使用关闭解决方案来终止项目运行。

执行"文件"→"关闭"命令，可关闭当前项目中的源程序编辑窗口。执行"文件"→"关闭解决方法"命令，可关闭当前解决方案，结束当前项目的运行。执行"文件"→"退出"命令，可退出 Visual C++ 2010 集成环境。

1.3.3　在 C4droid 中实现 C 程序

C4droid 是一款 Android 设备上的 C/C++程序集成开发环境。在手机应用商店里可搜索下载安装 C4droid。安装成功后，打开 C4droid，在输入条里输入代码即可进行编辑，回车可跳到下一行。C4droid 编译环境简单，有 OPEN、NEW、SAVE、COMPILE 和 RUN 5 个菜单。代码编辑好后，可点"COMPILE"命令编译，再点"RUN"运行即可。

如图 1.6 所示，与使用计算机编程软件运行时一样，可以根据需要输入。运行结束后，按返回键回到编辑页面。需要注意的是，与使用计算机编程不同的是 C4droid 编译时不会保存，需要我们自己按 SAVE 键进行保存，最好保存在页面自动跳到的文件夹里，如图 1.7 所示。

图 1.6 C4droid 操作界面 　　　　　　　　　　　　图 1.7 保存文件

注意：用 C4droid 编译环境编程时，需要全部英文输入，中文输入不能运行。

1.4 本章小结

本章主要介绍了 C 语言简介、C 程序的构成和 C 程序的开发环境。要求读者掌握 C 程序的组成元素和书写规则，能够熟练使用两种编译环境编译执行 C 程序。本章主要知识框架如图 1.8 所示，具体的知识点，建议读者可进行更详细的补充和完善。

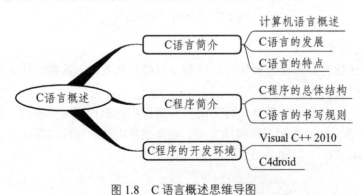

图 1.8 C 语言概述思维导图

实训 1 编译环境的使用

一、实训目的

1. 熟悉上机编程环境。

2. 学习程序的输入、编辑、编译、连接和运行过程。

二、实训环境

上机环境任选下列一项。

1. 安装 Visual C++ 2010 软件。

2. 安装 C4droid 或者 Visual C++ 6.0 软件。

三、实训内容

1. 用本章例题上机练习，熟悉上机环境和编辑、编译、连接、运行过程。

2. 编写一个程序，输出：

WHAT CAN A COMPUTER DO ?

A computer can do thousands of things.

3. 编写一个程序输出（如果安装了中文系统，输出中文）：

我叫 XXX。

我在 XXX 学院学习。

习题 1

一、填空题

1. 一个 C 语言程序有且仅有一个名为_____的主函数。

2. C 语言程序中的每一条语句以_____结束。

3. 一个 C 程序总是从_____函数开始执行，整个程序在_____函数结束。

4. C 语言程序的基本组成单位是_____。

二、选择题

1. C 语言是一种（　　　）。

   A. 机器语言　　　　B. 符号语言　　　　C. 高级语言　　　　D. 面向对象的语言

2. C 语言源程序的扩展名是（　　　）。

   A. .exe　　　　　　B. .c　　　　　　　C. .obj　　　　　　D. .cpp

3. 计算机能直接执行的程序是（　　　）。

   A. 源程序　　　　　B. 目标程序　　　　C. 汇编程序　　　　D. 可执行程序

4. 计算机高级语言程序的运行方法有编译执行和解释执行两种，以下叙述中正确的是（　　　）。

   A. C 语言程序仅可以编译执行

   B. C 语言程序仅可以解释执行

   C. C 语言程序既可以编译执行，又可以解释执行

   D. 以上说法都错误

5. 以下叙述错误的是（　　　）。

   A. C 语言的可执行程序是由一系列机器指令构成的

   B. 用 C 语言编写的源程序不能直接在计算机上运行

   C. 通过编译得到的二进制目标程序需要连接才可运行

   D. 没有安装 C 语言集成开发环境的机器上不能运行 C 源程序生成的可执行文件

6. 以下叙述中正确的是（　　　）。

A. C 程序的基本组成单位是语句

B. C 程序中的每一行只能写一条语句

C. 简单 C 语句必须以分号结束

D. C 语句必须在一行内写完

三、简答题

简述 C 程序的开发过程。

第 2 章 C 程序数据描述及计算

数据是程序的必要组成部分，也是程序处理的对象。任何一种语言，都有自己的符号、字符、单词及语句的构成规则。C 语言作为计算机的一种程序设计语言，也不例外。本章将首先介绍 C 语言的字符集、标识符及命名规则，其次介绍 C 语言中常用的基本数据类型、常量、变量的应用，最后介绍 C 语言中的运算符和表达式。

【学习目标】

- 熟悉 C 语言的词法
- 掌握 C 语言中的基本数据类型
- 理解常量、变量的含义，掌握变量的定义方法
- 掌握 C 语言中的运算符及优先级的应用

2.1 C 语言的词法

任何一种语言都有自己的符号、字符、单词及语句的构成规则。C 语言也不例外，我们只有学习、遵从它们，才能编写出符合要求的各种程序来。

2.1.1 C 语言的字符集

字符是 C 语言最基本的元素。C 语言字符集由字母、数字、空白符、标点符和特殊字符等组成（在字符串常量和注释语句中还可以使用中文字符等其他图形符号）。由字符集中的字符可以构成 C 语言进一步的语法成分，如标识符、运算符等。

字符集中的字符：

（1）字母：A ~ Z，a ~ z。

（2）数字：0 ~ 9。

（3）空白符：是空格、制表符、换行符的总称。空白符除了在字符、字符串中有意义外，编译系统忽略其他位置的空白等。空白符在程序中只是起到间隔作用。在程序的恰当位置使用空白符将使程序更加清晰，增强程序的可读性。

（4）标点符号、特殊字符。

（5）转义字符：\n（换行）、\b（退格）等（后面介绍）。

2.1.2 标识符

C 语言中的标识符有关键字、预定义标识符、用户标识符等几种。

1. 关键字

C 语言中，系统设置的具有特定含义、专门用途的字符序列称为关键字。关键字不能用于其他用途，只能小写。例如，用来说明变量类型的关键字。int 表示整型数据类型，double 表示双精度类型等。

2. 预定义标识符

预定义标识符是指在 C 语言中预先定义并具有特定含义的标识符。如 C 语言提供的库函数的名字（如 printf）和预编译处理命令（如 define）等。C 语言允许把这类标识符重新定义另作他用，但这将使这些标识符失去预先定义的原意。鉴于目前各种计算机系统的 C 语言都一致把这类标识符作为固定的库函数或预编译处理中的专门命令使用，因此，为了避免误解，建议用户不要把这类预定义标识符另作他用。

3. 用户标识符

由用户根据需要定义的标识符称为用户标识符，还可以称为自定义标识符。这类标识符一般用来给常量、变量、函数、数组、类型、文件等命名。

用户标识符的命名有以下命名规则，符合规则的命名是合法的，反之，命名是不合法的。

（1）标识符只能由字母、数字和下划线组成，且第一个字符必须为字母或下划线。

（2）标识符严格区分大小写。SUM 和 sum 是两个不同的标识符。C 程序中，变量名一般用小写字母，常量名一般用大写字母，但不绝对。

（3）ANSI C 没有限制标识符的长度，但各个编译系统都有自己的规定和限制。有的系统取 8 个字符，Turbo C 则允许 32 个字符。

（4）标识符不能与关键字同名，最好也不与预定义标识符同名。

如果在程序中，用户标识符与关键字同名，则在对程序进行编译时系统给出出错信息；如果用户标识符与预定义标识符同名，系统并不报错，只是该预定义标识符将失去原有含义，代之以用户确认的含义，这样可能会引发一些运行时的错误。

（5）标识符应当有一定的意义，做到见名知意，以增强程序的可读性。最好使用英文单词及其组合，便于记忆和阅读，尽量少用汉语拼音来命名。例如：

合法的用户标识符：a1、x2、s_1、_aa、a3_1。

不合法的用户标识符：a 1、1a、a@b、s*a、+d。

2.2　数据类型

计算机程序处理的对象是数据，包括数据的采集、处理及运算结果的输出。数据存在多种形式，如数字、文字、声音、图像等。要使用一个数据，首先要确定它的类型。数据类型是按数据的性质、表示形式、占用空间和构造特点来划分的。例如，人的姓名是用字符表示的，而年龄是用数字表示的。把一个保存对应数据的变量声明为正确的类型是计算机正确存储、获取和解释该数据的基本前提。

为了更好地对数据进行存储和处理，C 语言中的数据类型可分为基本类型、构造数据类型、指针类型和空类型四大类。具体分类如图 2.1 所示。

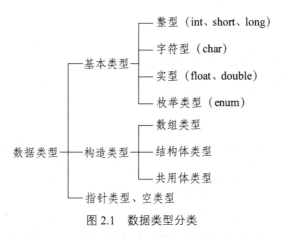

图 2.1 数据类型分类

本节主要介绍基本数据类型。基本数据类型最主要的特点是，其值不可以再分解为其他类型。

2.2.1 整 型

整型数据类型即保存整数的数据类型，根据存储长度的不同，C 语言中的整型可以分为基本整型（int）、短整型（short int 或 short）、长整型（long int 或 long）。在这些类型标识符之前，还可以加上修饰符 unsigned 来表示数据是无符号数；没有加标识符 unsigned 的数据类型为有符号数，可以描述正整数、负整数和 0。归纳起来，C 语言定义了 6 种整型，分别是：

基本整型：int。

短整型：short 或 short int。

长整型：long 或 long int。

无符号基本整型：unsigned int。

无符号短整型：unsigned short 或 unsigned short int。

无符号长整型：unsigned long 或 unsigned long int。

C 语言标准本身没有规定各种整型类型的表示范围，即数据在内存中所占的二进制编码的位数，只是规定了 long 类型的表示范围不小于 int，short 类型的表示范围不大于 int。不同的编译系统或计算机系统对这几类整型数据所占用的字节数有不同的规定。表 2.1 列出了 ANSI 标准定义在 Visual C++环境下的整数类型和对应的数值范围。

表 2.1 ANSI 标准定义的整数类型

类型	占字节数	取值范围
int	4	$-2^{31} \sim 2^{31}-1$ （-2 147 483 648 ~ 2 147 483 647）
short	2	$-2^{15} \sim 2^{15}-1$ （-32768 ~ 32767）
long	4	$-2^{31} \sim 2^{31}-1$ （-2 147 483 648 ~ 2 147 483 647）
unsigned int	4	$0 \sim 2^{32}-1$ （0 ~ 4 294 967 295）
unsigned short	2	$0 \sim 2^{16}-1$ （0 ~ 65 535）
unsigned long	4	$0 \sim 2^{32}-1$ （0 ~ 4 294 967 295）

2.2.2 实型

实型数据又称浮点型数据。一共有 3 种表示实数的类型：float，单精度浮点数类型，简称浮点类型；double，双精度浮点类型，简称双精度类型；long double，长双精度类型。表 2.2 列出了实型的相关规定。

表 2.2 实型类型

类型	占字节数	有效数字	取值范围
float	4	7	$-3.4 \times 10^{-38} \sim 3.4 \times 10^{38}$
double	8	16	$-1.7 \times 10^{-308} \sim 1.7 \times 10^{308}$
long double	4	19	$-3.4 \times 10^{-4\,932} \sim 3.4 \times 10^{4\,932}$

以上数据为理论参考数据，实际上不同机器可能存在差异。

2.2.3 字符型

字符类型表示字符数据，类型关键字为 char，通常占有 1 个字节的存储空间。字符类型的数据包括计算机所用编码字符集中的所有字符。常用的 ASCII 字符集包括所有大小写英文字母、数字、各种标点符号，还有一些控制字符，一共有 128 个，可扩展到 256 个字符。

字符类型的数据在内存中存储的是它的 ASCII 码值，一个字符通常占有一个字节的内存空间。因此，除了占用的存储空间不同以外，字符数据和整型数据是相似的。为了方便处理，C 语言规定字符类型与整型基本一致，也可有有符号和无符号两种类型。

由于 ASCII 码字符的取值范围是 0 ~ 127，因此，它既可以用 char 类型表示，也可用 unsigned char 类型表示；扩展 ASCII 码字符的取值范围为 0 ~ 255，因此，在 128 ~ 255 的扩展 ASCII 码字符只能用 unsigned char 类型表示。

2.3 常量和变量

对于基本数据类型量，按其取值是否可改变又分为常量和变量两种。在程序执行过程中，值不变的量称为常量，值可变的量称为变量。与数据类型结合起来分类，可分为整型常量、整型变量、浮点常量、浮点变量、字符常量、字符变量等。

2.3.1 常量

常量是指在程序运行过程中其值不能被改变的量。在 C 程序中，常量是可以不经说明而直接引用的。常量可分为直接常量和符号常量，其中直接常量包括整型常量、实型常量、字符常量和字符串常量。

C 语言中常量一般有以下几种形式。

1. 整型常量

整型常量有 3 种表示方法。

（1）十进制整数：如 158、569、-2 563。

（2）八进制整数：以 0 开头的数表示为八进制数，如 026、031。

（3）十六进制整数：以 0x 开头的数表示十六进制数，如 0x1a、0x28。

整型常量数据后面附一个字母 L（或 l）作后缀时，表示该数据类型是长整型。有后缀字母 U（或 u）时，表示数据类型是有符号的。

2. 实型常量

在 C 语言中，把带有小数的数称为实数或是浮点数。实型常量只能用十进制形式表示，不能用八进制和十六进制数据表示。实型常量有两种表示方法。

（1）小数形式：由数字和小数点组成，如 3.141 592 6、-0.12、.3、5.等都是实数。

（2）指数形式：如 1.23e5 或 1.23E5 都代表 1.23×10^5。注意，字母 e（或 E）之前必须有数字，且字母后面的指数必须为整数。如 e3、2.1e1.2、e 都是不合法的指数形式。

3. 字符常量

字符常量由一对单引号括起来的单个字符组成。在 C 语言中，字符常量有以下特点：

（1）字符常量只能用单引号括起来，不能用双引号或其他符号。

（2）字符常量只能是单个字符，不能是多个字符，多个字符叫字符串。

（3）字符可以是字符集中的任意字符。一个字符常量的值是该字符对应的 ASCII 码值。

C 语言中除了可见字符外，还有一些特殊的控制字符无法这样直接给出，如换行字符等。C 语言为它们规定了特殊写法：以反斜杠开头（\）的一个字符或一个数字序列，这类字符被称为转义字符。转义字符的作用就是表明反斜杠后面的字符不取原来的意义。转义字符在 C 语言程序中起着特殊作用，如换行字符 '\n'，退格字符 '\b' 等。

表 2.3 中列出了 C 语言中常用的转义字符及这些字符的含义。

表 2.3　转义字符集

字符形式	功能	ASCII 代码（十进制）
\n	换行，将光标从当前位置移动到下一行开头	10
\t	横向跳格，光标跳到下一个水平制表位	9
\b	退格	8
\r	回车，将光标从当前位置移到本行开头	13
\\	反斜杠字符 "\"	92
\'	单引号字符 "'"	39
\"	双引号字符 """	34
\ddd	1～3 位八进制数所代表的字符	ddd（八进制）
\xhh	1～2 位十六进制数所代表的字符	hh（十六进制）

【例 2.1】下面程序中使用了几种转义字符，分析程序的执行结果。

程序如下：

```
#include<stdio.h>
int main()
```

```
{
    printf("abx\bcd\tefgh\tijkl\n");
    printf("xxxxxxxx\rmnop\tqrst␣␣␣␣uvwx\n");
    return 0;
}
```

分析：程序中"␣"表示空格。该程序是用 printf( )函数直接输出双引号内的各个字符。应注意其中的转义字符"\"。第一个 printf( )函数在第一行左端开始输出"abx"，然后遇到"\b"，它的作用是"退格"，即退到前一个位置"x"处，接着输出"cd"。然后遇到"\t"，跳格到下一个制表区，在 Visual C++系统中一个"制表区"占 8 列，即"下一制表位置"从第 9 列开始，所以在第 9 至 12 列上输出"efgh"。接下来又遇"\t"，再跳到下一个制表区，即从第 17 位开始，输出"ijkl"。最后遇"\n"，表示"换行"，作用是将当前位置移到下一行的开头。第二个 printf( )函数先是从第二行第一列输出字符"xxxxxxxx"，然后遇转义字符"\r"，表示回车不换行，即退回到本行第一列输出字符"mnop"，再遇"\t"，使当前位置跳到第 9 列，输出"qrst"，再输出 4 个空格符，紧跟着输出字符"uvwx"，最后换行，输出结束。

程序的运行结果为：

abcd	efgh	ijkl
mnop	qrst	uvwx

4. 字符串常量

C 语言中没有专门的字符串类型的变量，但可以使用字符串常量。字符串常量是由一对双引号括起来的字符序列组成的，如"abc"、"a"等都是字符串常量。双引号仅起定界符的作用，并不是字符串中的字符。字符串常量中不能直接包括单引号、双引号和反斜杠，若要使用，需要使用转义字符。

字符串常量与字符常量的区别如下：

（1）字符常量由单引号括起来，字符串常量由双引号括起来。

（2）字符常量占有一个字节的存储空间，只能表示一个字符。字符串常量在内存中的存储空间由字符串的长度决定。字符串常量占的内存字节数等于字符串中字符个数加 1，加的这个字节是存储字符串的结束标记'\0'的。

5. 符号常量

符号常量就是使用符号代表常量。C 语言中允许用标识符定义一个常量，这种常量定义在 C 语言中被称为"宏定义"，其一般形式为：

```
#define 标识符 常量
```

其中，#define 是一条预处理命令，称为宏定义命令，其功能是把该标识符定义为其后的常量值。一经定义，以后在程序中所有出现该标识符的地方均代之以该常量值。

习惯上，符号常量的标识符用大写字母，变量标识符用小写字母，以示区别。

2.3.2 变 量

变量是指程序在运行过程中其值可以发生变化的量。一个变量有 3 个要素：变量名、变量类型和变量值。C 语言规定，在程序中用到的每一个变量都要指定其属于哪一种类型。一个变量应有确定的类型。一个变量只能属于一个类型，不能先后被定义为多个不同类型。

变量名代表该变量的存储单元及其存放的值，系统为不同类型的变量在内存中开辟不同的存储单元，以便存放相应类型的值；不同类型的变量存放数据的方法也不同。另外，系统还根据变量的类型检查该变量所进行的运算是否合法等。

C 语言中，变量必须先声明，然后使用。没有定义的变量是不能使用的。可以在变量的声明语句中定义变量并初始化，即赋初值。声明变量的语句形式为：

类型　　变量名[=初值][，变量名[=初值]，……]；

变量名属于用户标识符，必须符合标识符的命名规则，一个变量实质代表内存中的某个存储单元。变量名在程序运行中不会改变，变量值可以改变。

例如，下面有 4 条变量定义语句：

```
char a;
float f;
int x,y,min;
int m,n=3,w=5;
```

其中，第一行定义了一个名字为 a 的字符型变量；第二行定义了一个名字为 f 的浮点型变量；第三行定义了三个整型变量 x、y 和 min；第四行定义了三个整型变量 m、n 和 w，并给 n 和 w 赋初值为 3 和 5。编译器根据定义的语句为这些变量在内存中分配合适的存储空间。

需要注意的是，对定义的多个变量赋相同的初值时，声明的同时不能采用连续赋初值的形式，如：

```
int a=b=c=5;
```

此语句为非法定义语句，必须采用如下形式：

```
int a=5,b=5,c=5;
```

但若是先声明三个变量，然后赋值时可以采用连续赋值的形式，如：

```
int a,b,c;
a=b=c=5;
```

此语句是合法的语句。

【例 2.2】整型变量的定义和使用。

```
#include<stdio.h>
main( )
{
    int a,b,c,d;                      //声明 4 个整型变量
    unsigned u;                       //声明 1 个无符号整型变量
    a=12;b=-24;u=10;                  //给变量赋值
    c=a+u; d=b+u;                     //将表达式的值赋值给变量
    printf("%d,%d\n",c,d);            //输出变量 c、d 的值
}
```

程序执行结果为：

```
22，-14
```

【例 2.3】浮点型数据的舍入误差举例。

```c
#include<stdio.h>
main( )
{
    float a,b;                        //声明两个实型变量
    a=123456.789e5;                   //给变量 a 赋值
    b=a+20;                           //给变量 b 赋值
    printf("a=%f,b=%f\n",a,b);        //小数形式输出 a、b 的值
    printf("a=%e,b=%e\n",a,b);        //指数形式输出 a、b 的值
}
```

上述程序的运行结果为：

```
a=12345678848.000000,b=12345678848.000000
a=1.234568e+010,b=1.234568e+010
```

注意：两条输出语句，输出变量的格式有区别。浮点型变量只能保证 7 位有效数字，后面的数字无意义。注意分析执行结果，理解浮点型数据的应用过程。读者可以将上述例题中的变量类型改为 double 类型，再运行程序，观察数据的变化。

由于实数存在舍入误差，使用时需要注意以下几点：

（1）不要试图用一个实数精确表示一个大整数，因为浮点数是不精确的。

（2）实数一般不判断"相等"，而是判断接近或近似。

（3）避免直接将一个很大的实数与一个很小的实数相加、相减，否则会"丢失"小的数。

（4）分析数据，根据需要选择数据类型是单精度还是双精度。

【例 2.4】字符变量应用举例，字母大小写转换。

```c
#include<stdio.h>
main( )
{
    char c1,c2;                       //声明两个字符变量
    c1='a';                           //给 c1 变量赋值
    c2='b';                           //给变量 c2 赋值
    c1=c1-32;                         //更改 c1 变量的值
    c2=c2-32;                         //更改 c2 变量的值
    printf("%d,%d\n",c1,c2);          //整数格式输出变量 c1、c2 的值
    printf("%c,%c\n",c1,c2);          //字符格式输出变量 c1、c2 的值
}
```

上述程序的运行结果为：

```
65,66
A,B
```

上述程序的作用是将两个小写字母转换为大写字母。在字符的 ASCII 码表中，小写字母比对应的大写字母的 ASCII 码值大 32。C 语言允许字符型数据与整型数据直接进行算术运算，字符数据既可以以字符格式输出，也可以以整数格式输出。

2.4 运算符和表达式

C 语言的运算符非常丰富，除了控制语句和输入/输出以外，几乎所有的基本操作都作为运算符处理。C 语言运算符一般可以分为以下几类：算术运算符、关系运算符、逻辑运算符、位运算符、赋值运算符、条件运算符、逗号运算符、指针运算符、求字节数运算符、类型转换运算符、分量运算符、下标运算符及函数调用运算符等其他运算符。C 语言丰富的运算符构成了 C 语言丰富的表达式。

表 2.4 列出了所有运算符的优先级及结合方向。

表 2.4　C 语言运算符

优先级	运算符	含义	参与运算对象的数目	结合方向
1	() [] -> .	圆括号运算符 下标运算符 指向结构体成员运算符 结构体成员运算符		自左至右
2	! ~ ++ -- - (类型) * & sizeof	逻辑非 按位取反 自增 自减 负号 类型转换 指针运算符 取地址 求类型长度	单目运算符	自右至左
3	*、/、%	算术运算（乘、除、取余）	双目运算符	自左至右
4	+、-	算术运算（加、减）	双目运算符	自左至右
5	<<、>>	左移、右移运算符	双目运算符	自左至右
6	<、<=、>、>=	关系运算符	双目运算符	自左至右
7	==、!=	比较等于、不等于	双目运算符	自左至右
8	&	按位与运算	双目运算符	自左至右
9	^	按位异或运算符	双目运算符	自左至右
10	|	按位或运算符	双目运算符	自左至右
11	&&	逻辑与运算	双目运算符	自左至右
12	||	逻辑或运算	双目运算符	自左至右
13	?:	条件运算符	三目运算符	自右至左
14	=、+=、-=、*=、 /=、%=、>>=、<<= &=、^=、|=	赋值及复合赋值运算符	双目运算符	自右至左
15	,	逗号运算符		自左至右

C 语言中，运算符的运算优先级共分为 15 级。1 级最高，15 级最低。在表达式中，优先级较高的先于优先级低的进行运算。而在一个运算量两侧的运算符优先级相同时，按运算符

的结合性所规定的结合方向处理。

本节主要介绍算术运算符、赋值运算符、关系运算符、逻辑运算符、逗号运算符，其他运算符在以后相关章节中将陆续进行介绍。

2.4.1 算术运算符与算术表达式

1. 算术运算符

C 语言中，基本的算术运算符有 5 种：+（加）、-（减）、*（乘）、/（除）、%（取模或求余）。C 语言规定：

（1）+、-、*、/运算符的两个操作数既可以是整数，也可以是实数。当两个操作数均为整数时，结果仍为整数；若参加运算的两个操作数中有一个是实数，则结果为 double 型，因为所有实数都按 double 型进行运算。

（2）%运算符仅用于整型变量或整型常量的运算，a%b 的结果为 a 除以 b 的余数，余数的符号与被除数相同，如 7%3 的结果为 1；7%-3 的结果为 1；-7%3 的结果为-1。

（3）当两个整数相除时，结果为整数。如 7/3，其结果为 2，舍去小数部分，相当于整除操作。但是，若除数或被除数中有一个为负数，则舍入的方向是不固定的。如-5/3 在有的机器上得到的结果为-1，有的机器则给出结果为-2。多数机器采取"向零取整"方法，即-5/3=-1，取整后向零靠拢。

2. 算术表达式

用算术运算符和括号将运算对象（操作数）连接起来的、符合 C 语言规则的式子称为算术表达式。运算对象包括常量、变量和函数等。例如：a*b/c-pow(d,3)是一个合法的算术表达式。其中，a、b、c、d 是变量，pow( )是 C 语言的库函数，其功能是求幂的值。

需要注意的是，C 语言算术表达式与数学表达式的书写形式有一定的区别，具体如下：

（1）C 语言算术表达式中的乘号（*）不能省略。

（2）算术表达式不允许有分子分母的形式。

（3）算术表达式只能使用圆括号改变运算的优先顺序。

算术运算符中，*、/、%这三个运算符优先级相同，同时出现时从左至右计算。+、-运算符优先级低于*、/、%运算符，结合方向也是自左至右。计算算术表达式时，要按照对应运算符的优先级和结合性进行处理。

2.4.2 自增、自减运算符和表达式

自增、自减运算符是 C 语言中最具特色的两个单目运算符，其操作对象只有一个，这两个运算符既可以放在操作数之前，也可以放在操作数之后。它们的功能是自动将运算对象增 1 或减 1，然后把运算结果回存到运算对象中。

自增、自减运算符用法如下：

（1）前置运算，即运算符放在变量之前，++变量、--变量，如 ++i；--j。前置运算先使变量的值增 1（或减 1），然后再以变化后的值参与其他运算，即先自增（减）后运算。

（2）后置运算，即运算符放在变量之后，变量++、变量--，如 i++；j--。后置运算先使

变量参与运算，然后再使变量的值增（或减）1，即先运算后增（减）值。

++为自增运算符，如 a++、++a 都等价于 a=a+1。--为自减运算符，如 a--、--a 都等价于 a=a-1。

例如：

```
i=3; printf("%d",++i);          //输出：4  变量 i 先自增，后输出
i=3; printf("%d",i++);          //输出：3  变量 i 先输出，后自增
```

使用自增、自减运算符时，需要注意以下几点：

（1）自增、自减运算符只能用于变量，不能用于常量或是表达式。

（2）自增、自减运算符的结合方向为自右至左。例如，有表达式-i++，其中 i 值为 2。由于负号运算符与自增运算符优先级相同，但结合方向是自右至左，即相当于-(i++)。此时++属于后缀运算符，表达式的值为-2，i 的值为 3。

（3）自增、自减运算符常用于循环语句中，使循环变量自动加 1 或减 1。也用于指针变量，使指针指向下一个地址。

【例 2.5】已知 float x=2,y;，则 y=x++*x++的结果为（   ）。

分析：

该例题中，要计算变量 y 的值，y=x++*x++，表达式中含运算符自增运算符（++）、乘法运算符（*），从运算符表中可以看出，自增运算符优先级高于乘法运算符，所以先算自增运算。但自增运算在表达式中是后置自增，即先将变量值代入表达式中计算，后给变量自增值。所以变量 y 的值为 4.0。

读者可上机验证该题目，深入理解自增运算符的应用。

2.4.3　赋值运算符和表达式

C 语言中，赋值被认为是一种运算，有赋值运算符将一个变量和一个表达式连接起来的式子称为赋值表达式。其形式为：

<变量> <赋值运算符> <表达式>

1. 赋值运算符

赋值运算符为"="，功能是将赋值运算符右边的表达式的值赋给其左边的变量。赋值表达式的值就是被赋值的变量的值。

例如：a=8 这个赋值表达式的值就是 8，变量 a 的值也是 8。

赋值表达式的值也可以赋值给其他变量，如 b=(a=2+4)，括号内的 a=2+4 是一个赋值表达式，其值为 6，所以 b 的值为 6，整个表达式的值也为 6。

2. 复合赋值运算符

C 语言允许在赋值运算符"="之前加上其他运算符以构成复合的赋值运算符。

例如：

```
a+=5;      等价于   a=a+5;
a*=b+5;    等价于   a=a*(b+5);
```

凡是双目运算符，都可以和赋值运算符一起组合成复合的赋值运算符。在 C 语言中，可

以使用的复合赋值运算符有：

+=、-=、*=、/=、%=、<<=、>>=、&=、^=、|=

C 语言中采用这种复合运算符，一是为了简化程序，使程序精炼；二是为了提高编译效率，产生质量较高的目标代码。

【例 2.6】已知 int i=4;，执行语句 i+=--i;后，变量 i 的值为（ ）。

分析：

变量 i 的初值为 4，表达式 i+=--i 中，有运算符 "+=" 为复合赋值运算符，有运算符 "--" 为自减运算符，操作数在自减运算符的左边，为前置自减运算符，根据运算符的优先级，前置自减运算符优先级高于复合赋值运算符，先算前置自减，前置自减为先自减变量值，再代入表达式计算表达式的值。语句 i+=--i 在进行前置自减运算后变为 i+=3（变量 i 初值为 4，自减后为 3），再进行复合赋值运算。表达式 i+=3，即为 i=i+3，变量 i 的值经过自减后已为 3，所以变量 i 最终的值为 6。

2.4.4 关系比较运算符和表达式

关系运算实际上就是比较运算。比较两个量的运算符就称为关系运算符。在 C 语言中为我们提供了 6 种关系运算符：

<、<=、>、>=、==、!=

关系运算符都是双目运算符，要求两个操作数是同一种数据类型，其结果值为逻辑值。即关系成立时，其值为真，C 语言中，用非 0 值（一般用 1）表示；关系不成立时，其值为假，用 0 表示。

用关系运算符连接操作数的表达式，称为关系表达式。关系表达式的值为逻辑值。例如，6>4 表达式的值为 1。

2.4.5 逻辑运算符和表达式

C 语言中提供了 3 种逻辑运算符，分别是逻辑与（&&）运算、逻辑或（||）运算和逻辑非（!）运算。其中，与运算符和或运算符均为双目运算符，非运算符为单目运算符。例如，

a&&b　　当 a,b 都为真时，结果为真
a||b　　　当 a,b 有一个为真时，结果为真
!a　　　　当 a 为真时，结果为假；当 a 为假时，结果为真

当逻辑运算符两边的表达式的值为不同的组合时，各种逻辑运算得到的结果也是不同的。表 2.5 列出了逻辑运算的 "真值表"。

表 2.5　逻辑运算的真值表

a	b	!a	!b	a&&b	a||b
真	真	假	假	真	真
真	假	假	真	假	真
假	真	真	假	假	真
假	假	真	真	假	假

为了提高程序运行的速度，根据上述逻辑运算规则，在处理逻辑运算时规定：

对于逻辑与运算，若&&左边表达式值为 0（逻辑假），则无须计算&&右边的表达式的值即可得出逻辑表达式的结果为 0。

对于逻辑或运算，若||左边表达式值为 1（逻辑真），则无须计算||右边表达式的值即可得出逻辑表达式的结果值为 1。

例如，定义整型变量 a 和 b 初值都为 5，则：

(a<b) && (b>0)	结果为 0，因为 a<b 的值为 0，所以不需要判断 b>0 的值
(a>=b) || (b<0)	结果为 1，因为 a>=b 的值为 1，所以不需要判断 b>0 的值

2.4.6 求字节数运算符和表达式

sizeof 是 C 语言的一种单目操作符，如 C 语言的其他操作符++、--等。它并不是函数。sizeof 操作符以字节形式给出了其操作数的存储大小。操作数可以是一个表达式或括在括号内的类型名。操作数的存储大小由操作数的类型决定。

sizeof 可以用于数据类型和变量，如 sizeof(int), sizeof(var_name)都是正确形式。关于 sizeof 的结果：

（1）操作数具有类型 char、unsigned char 或 signed char，其结果等于 1。

（2）对于 int、unsigned int、short int、unsigned int、long int、unsigned long、float、double、long double 类型进行 sizeof( )运算的结果，在 C 语言中没有具体规定，大小依赖于编译器实现，一般可能分别为 4、4、2、2、4、4、4、8、10。

（3）操作数是指针的，sizeof 依赖于操作系统。例如，32 位系统和 64 位系统中的地址位数是不同的。

（4）操作数具有数组类型时，其结果是数组的总字节数。

（5）混合类型操作数的 sizeof 是其最大字节成员的字节数；结构类型操作数的 sizeof 是这种类型对象的总字节数。

2.4.7 条件运算符和表达式

条件运算符是 C 语言中一个特殊的运算符，由"？"和"："组合而成。条件运算符是三目运算符，要求有三个操作对象，并且三个操作对象都是表达式。

在条件语句中，若只执行单个赋值语句，我们常常使用条件运算来表示，这样的写法不但使程序简洁，也提高了运行效率。例如，有程序语句：

```
if(a>b) max=a;
else max=b;
```

用条件运算可以表示为：

```
max=(a>b)?a:b;
```

执行时，先计算（a>b）的值为真还是假，若为真，则表达式取值为 a；否则取值为 b。

条件表达式的一般形式为：

表达式 1？表达式 2：表达式 3

条件运算的求值规则为：首先计算表达式 1 的值，若表达式 1 的值为真，则以表达式 2 的值作为整个条件表达式的值，否则以表达式 3 的值作为在整个条件表达式的值。

需要注意的是，条件表达式中，表达式 1 通常为关系或逻辑表达式，表达式 2、3 的类型可以是数值表达式、赋值表达式、函数表达式或条件表达式。

2.4.8 逗号运算符和表达式

C 语言提供了一种特殊的运算符——逗号运算符 ","。用逗号运算符可以将两个及两个以上表达式连接起来，所形成的就是逗号表达式。其一般形式为：

表达式 1, 表达式 2, 表达式 3, …, 表达式 n

如：

5-3,6+5,7-4

逗号表达式的求值过程是：自左向右，先求表达式 1 的值，再求表达式 2 的值，…，最后求表达式 n 的值。整个表达式的值就是表达式 n 的值。如上面的表达式，先求 5-3 的值为 2，再求 6+5 的值为 11，最后求 7-4 的值为 3。整个逗号表达式的值为 3。

需要注意的是，并不是任何地方出现的逗号都作为逗号运算符。例如，函数参数也是用逗号来间隔的。如输出函数语句：

printf("%d,%d,%d",a,b,c);

其中的 "a,b,c" 并不是一个逗号表达式，它是 printf 函数的三个参数，参数间用逗号间隔。若将上述语句改为：

printf("%d,%d,%d",(a,b,c),b,c);

则 "(a,b,c)" 是一个逗号表达式，它的值等于 c 的值。括号内作为一个表达式，括号内的逗号不是参数间的分隔符，而是逗号运算符。

【例 2.7】已知 int i,a;，执行语句 i=(a=3*9,a/5),a+11;后，变量 i 的值为（　　　）。

分析：

给变量 i 赋值的表达式中，有逗号运算符、算术运算符。根据运算符的运算规则，先算算术运算，表达式即可变为：i=(a=27,5),38;，变量 a 的值为 27，a/5 为 27 除 5 取整，即为 5，a+11 为 38。进一步的表达式中只剩下了逗号运算符和赋值运算符，赋值运算的优先级高于逗号运算符，括号内逗号表达式的结果为 5，再将 5 赋值给变量 i，最后变量 i 的值为 5。

2.5 数据类型转换

C 语言提供了丰富的数据类型，不同类型数据的存储长度和存储方式不同，一般不能直接运算。为了提高编程效率，增加应用的灵活性，C 语言允许不同数据类型进行转换。由于 C 语言的基本数据类型为数值类型，除了实型外，其余类型数据（包括各种整型和字符型数据、逻辑值、枚举值等）均用整数存储，这给类型转换提供了可能。数据类型转换方式有 3 种：自动类型转换、赋值类型转换和强制类型转换。

26

2.5.1　自动类型转换

由于字符型和整型数据之间可以通用，且整型数据与实型可以混合运算，因此各种类型的数据均可混合运算。在进行混合运算时，一般先要进行类型转换，将不同类型的数据转换成同种类型，然后进行计算。这种类型转换是系统自动完成的。转换规则如图 2.2 所示。

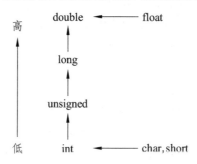

图 2.2　自动类型转换规则

图中横向向左的箭头表示必定的转换，如字符数据必定先转换为整数，短整型必定先转换为整型；浮点型数据在运算时一律先转换为双精度型，以提高运算精度。

纵向的箭头表示当运算对象为不同类型时转换的方向。例如，int 型与 double 型数据进行运算时，先将 int 型的数据转换为 double 型，然后进行运算，结果为 double 型。

例如，表达式 10+'a'+2.5*'b'在运算时，先将所有的字符型数据转换为整型，再从左到右进行运算。遇到浮点型数据时，将整型数据自动转换为浮点型数据。最后表达式的值为浮点型数据，并且按照浮点型数据的运算规则进行运算。

2.5.2　赋值类型转换

进行赋值运算时，如果赋值运算符两侧的类型不一致，系统会自动将表达式的值转换成变量的类型存到变量的存储单元。转换的结果可能出现以下情况：

（1）当将整型数据赋值给浮点型变量时，数值上不发生任何变化，但有效位数会增加。

（2）当将单、双精度浮点型数据赋值给整型变量时，浮点数的小数部分将被舍弃。

（3）当长度长的整型数据赋值给长度短的变量时，将进行截断赋值。如将一个 long 型数据赋给一个 int 或 unsigned int 型变量时，只将 long 型数据的低 16 位原封不动送到变量中。

（4）当整型数据赋给长度相同的变量时，将进行原样赋值。

【例 2.8】分析下面程序的运行结果。

```
#include<stdio.h>
void main()
{
int a=12,d;
float b=8.58;
unsigned long c;
c=0xfafbfcfd;
printf("%d,%f,%x\n",a,b,c);
```

```
b=a;
printf("%f ",b);
a=2.36;
printf("%d ",a);
d=c;
printf("%x",d);
}
```

程序运行结果为：

12,8.58000,fafbfcfd

12.00000 2 fafbfcfd

2.5.3 强制类型转换

C 语言中，可以利用强制类型转换运算符将一个表达式强制转换成所需类型。例如：

(int)a;   //将变量 a 的类型强制转换为整型

(float)(a+b)   //将表达式 a+b 结果的类型强制转换为浮点型

强制类型转换的一般形式为：

（类型名）（表达式）

注意：

（1）表达式应该用括号括起来。例如：

(int)(a+b);   //将表达式的结果转换为整型

(int)a+b;   //将变量 a 转换为整型后，再进行计算

（2）经强制类型转换后，得到的是一个所需类型的中间变量，原来变量的类型并没有发生任何变化。

当自动类型转换不能实现目的时，可以用强制类型转换。如"%"运算符要求运算操作数都是整型数据，若 x 为 float 型，则"x%3"是不合法的，必须用"int(x)%3"。此外，在函数调用时，有时为了使实参与形参类型一致，可以用强制类型转换运算符得到一个所需类型的参数。

2.6 本章小结

本章主要介绍了 C 语言中有关数据与数据计算的基本概念和规则，知识结构如图 2.3 所示。建议读者进行进一步的知识小结。

图 2.3 C 语言数据描述与计算知识结构

实训2 数据类型、运算符和表达式

一、实训目的

1. 学习和掌握整型数据、字符和字符串的表示形式。
2. 学习标识符的定义方法。
3. 掌握表达式的含义和运算符的优先级与结合方向。
4. 学习并掌握表达式的计算方法。

二、实训环境

同实训1。

三、实训内容

1. 编写一个程序，分别定义不同类型的变量并给赋初值。输出这些变量的值，体会不同类型变量存储值的特点。

2. 编写一个程序，输出字符'*'、'&'和字符'A'的ASCII码。注意体会char型和int型类型数据的混用。

3. 编程验证计算以下表达式的值。

```
1/2
1.0/2
3/4+2*6
45%8+9
5>6 && 7>4
3<5 || 8<=6
4==9
5!=7
!6
```

4. 计算并输出a的值。

```
int a=8;
a+=a+=a+=2;
```

5. 编程验证以下表达式的值。

```
int a=6,b;
b=a++;
```
输出a、b的值。

```
b=++a;
```
输出a、b的值。

6. 下列语句执行后变量a,b,c,d的值分别是多少？

```
int a=5,b=8,c,d;
c=(a++)*b;
d=(++a)*b;
```

7. 算术运算。输入下列程序，编译运行，然后输入一个小于1 000的整数，求出个位数、十位数和百位数字输出，且回答下列问题。

```
1: int main()
2:{
3: int   a,b,c,x;
4: printf("\ninput x(x<1000): ");
5: scanf("%d",&x);
6: if(x<1000)
7:     {
8:       a=x%10;
9:       b=(x/10)%10;
10:      c=x/100;
11:      printf("%d,%d,%d",a,b,c);
12:     }
13:   else
14:      printf("x>=1000");
     return 0;
15: }
```

回答下列问题：

（1）第4行的作用是什么？

（2）第8行，如果 x=468，运行此行语句后 a=_____。

（3）第9行，如果 x=468，运行此行语句后 b=_____。

（4）第10行，如果 x=468，运行此行语句后 c=_____。

（5）程序运行结果测试：

　　① 输入 468，输出_____；

　　② 输入 32，输出_____；

　　③ 输入 1256，输出_____。

8. 逻辑与关系运算。输入下列程序，编译运行，分析程序运行结果，且回答问题。

```
1:int main()
2:{
3: int a=1,b=2,c=3,logic;
4: logic=a+b>c&&b<=c;
5: printf("logic=%d\n",logic);
6: logic=a>=b+c||b= =c;
7: printf("logic=%d\n",logic);
8: logic=!(a<c)+b!=1&&(a+c)/2;
9: printf("logic=%d\n",logic);
10:return 0;}
```

回答下列问题：

（1）第4行有5个运算符，即=、+、>、&&和<=，请排出优先级，并写出此语句的运算过程。

（2）第4行运算结果 logic 的值是_____。

（3）第6行有运算符=、+、>=、||和==，请排出优先级，并将此语句用括号括起来，使表达式的值不变。

（4）第8行的第1个符号"!"是什么运算？第2个符号"!"又是什么运算？

习题2

一、选择题

1. 下面选项中，C语言的合法用户标识符是（　　　）。

    A. char2　　　　　　B. @x　　　　　　　　C. int　　　　　　　　D. 7Bw

2. 下列选项中可以作为C语言的合法整型常量的是（　　　）。

    A. 1011B　　　　　　B. 047　　　　　　　　C. x23　　　　　　　　D. 20H

3. 下列常量中不是字符型常量的是（　　　）。

    A. '\x44'　　　　　　B. '\t'　　　　　　　　C. '\\'　　　　　　　　D. "m"

4. 下列选项中合法的变量名为（　　　）。

    A. #define　　　　　B. float　　　　　　　C. a12_3　　　　　　　D. sqrt(x)

5. 下列不正确的变量定义方法是（　　　）。

    A. int a,&b=a;　　　　B. float a,*b=&a;　　　C. int a(4),b(0);　　　　D. int a=b=5;

6. 下列运算符优先级按由高到低的顺序排列正确的是（　　　）。

    A. !, +, &&　　　　　B. +, %, ||　　　　　　C. >, =, %　　　　　　D. ?:, |, *

7. 若有定义"int x=13,y=5;"，则表达式"x++,y+=2,x/y"的值为（　　　）。

    A. 13　　　　　　　　B. 7　　　　　　　　　C. 2　　　　　　　　　D. 3

8. 设整型变量 m、n、a、b、c、d 均为数值1，表达式(m=a>b)&&(n=c>d)运算后，m、n的值分别是（　　　）。

    A. 0,0　　　　　　　B. 0,1　　　　　　　　C. 1,0　　　　　　　　D. 1,1

9. 若有以下定义：char a;int b;float c; double d;，则表达式 a*b+d-c 的值的类型为（　　　）。

    A. int　　　　　　　B. float　　　　　　　C. char　　　　　　　　D. double

10. 若有定义语句 double a=22; int i=0,k=18;，则不符合C语言规定的赋值语句是（　　　）。

    A. a=a++,i++　　　　B. i=(a+k)<=(i+k)　　C. i=a%11　　　　　　D. i=!a

11. 以下选项中，能正确表示逻辑关系"a≥10 或 a≤0"的C语言表达式是（　　　）。

    A. a>=0||a<=0　　　B. a>=10||a<=0　　　C. a>=10&&a<=0　　　D. a≥10||a≤0

12. 表达式 a+=a-=a=9 的值为（　　　）。

    A. 9　　　　　　　　B. -9　　　　　　　　C. 18　　　　　　　　D. 0

13. 已知字符'A'的 ASCII 码值为十进制数 65，则执行语句 printf("%c", 'A'+2);后，输出结果为（　　　）。

  A. A   B. C   C. 65   D. 67

二、填空题

1. 在 C 语言程序设计中，用关键词_____定义基本整型变量，用关键词_____定义单精度实型变量，用关键词_____定义双精度实型变量。

2. char 型常量在内存中存放的是_____。

3. 在 C 语言中，整数可用_____进制数、_____进制数和_____进制数表示。

4. 在内存中，存储字符'a'要占 1 个字节，存储字符串"A"要占用_____个字节。

5. 已知 int a,b,c;，执行语句 a=5+(b=6,c=4);后，变量 a 的值为_____；

  已知 int a=10,b=15;，表达式!a<b 的值为_____；

  已知 int a=1,b=2,c=3,d=4;，条件表达式 a<b?c:d 的值为_____。

6. 条件运算符是 C 语言中唯一一个_____目运算符。

7. 已知 float x=2,y; 则 y=x++*x++的结果为_____。

8. 若有定义 "int x;"，则经过表达式 "x=(float)7/3" 运算后，x 的值为_____。

  已知 int a=1,b=1,c=1;，表达式 a-b>c||b==c 的值为_____；

  已知 int a=6,b=7,c;，执行语句 c=(a%5)+(b/3);后，变量 c 的值是_____。

9. 表示将 x、y 中较大的值赋给 z 变量的表达式是_____

10. 表示将直角坐标系中点（x，y）表示在第 3 象限内的表达式为_____。

11. 表示 3 个数据 x、y、z 能组成三角形的表达式为_____

12. 表示 x、y 中至少有一个是 5 的倍数的表达式为_____

13. 表示 d 是不大于 100 的偶数的表达式为_____。

三、简答题

1. 字符常量和字符串常量有什么区别？

2. 整型变量可细分为哪 6 类？

3. 设 x=3.5,a=5,y=6.7，求算术表达式 x+a%3*(int)(x+y)%2/4 的值。

4. 设 a=2,b=3,x=4.5,y=1.6，求表达式(float)(a+b)/2+(int)x%(int)y 的值。

5. 写出下列程序的运行结果。

```c
#include<stdio.h>
int main( )
{
    char c1='A',c2='B',c3='C',c4='\101',c5='\x42';
    printf("A%cB%c\tC%c\tabc\n",c1,c2,c3);
    printf("\t\b%c%c",c4,c5);
return 0;
}
```

6. 写出下列程序的运行结果。

```c
#include<stdio.h>
int main( )
```

```
{
    int i,j,m,n;
    i=8;
    j=3;
    m=i++;
    n=j--;
    printf("%d,%d,%d,%d",i,j,m,n);
    i+=3;
    j*=2;
    m=++i+j;
    n+=j--;
    printf("%d,%d,%d,%d",i,j,m,n);
return 0;
}
```

第 3 章　程序设计基本结构

C 程序由多个函数构成，各函数体都是由完成特定功能的语句构成。C 语言的语句经编译后产生若干条机器指令，以完成特定的操作任务。程序的 3 种基本结构包括顺序结构、选择结构和循环结构。本章主要介绍 C 语言程序设计的基础知识和 3 种结构。其中基础知识包括数据输入/输出函数和字符输入/输出函数，再通过举例，说明结构化程序设计的思想和方法。

【学习目标】

- 了解 C 程序的整体概念
- 掌握 C 程序的格式输入/输出函数
- 掌握 C 程序的 3 种程序设计结构
- 熟悉在 C 程序的编译环境下编写简单程序

3.1　顺序结构

程序就是由一系列语句描述的操作步骤。设计一个程序，首先要将问题分析清楚，然后用适当的方法将问题描述出来，再根据对问题的描述编写程序，最后调试运行。

3.1.1　语　　句

和其他高级语言一样，C 语言的语句用来向计算机系统发出操作指令。一个语句经编译后产生若干条机器指令。一个实际的程序应当包含若干语句。应当指出，C 语句都是用来完成一定操作任务的。声明部分的内容不应称为语句。例如："int a"不是一条 C 语句，它不产生机器操作，而只是对变量的定义。

一个函数包含声明部分和执行部分，执行部分是由语句组成的。C 程序结构可以用图 3.1 表示，即一个 C 程序可以由若干个源程序文件（分别进行编译的文件模块）组成，一个源文件可以由若干个函数和预处理命令以及全局变量声明部分组成（"全局变量""预编译命令"见后续章节），一个函数由数据声明部分和执行语句组成。

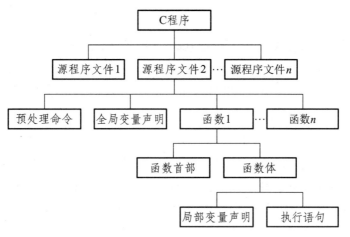

图 3.1　C 程序结构

程序应该包括数据描述（由声明部分来实现）和数据操作（由语句来实现）。数据描述包括定义数据结构和在需要时对数据赋予初值。

C 程序中，语句分为以下 5 类：

1. 控制语句

控制语句用于完成一定的控制功能。C 语言中专门提供了 9 种控制语句,通过它们可以方便地控制程序的流程，实现复杂的逻辑。它们分别是：

（1）if( )…else　　　　　　　　（条件语句）

（2）for( )…　　　　　　　　　（循环语句）

（3）while( )…　　　　　　　　（循环语句）

（4）do…while　　　　　　　　（循环语句）

（5）continue　　　　　　　　　（结束本次循环语句）

（6）break　　　　　　　　　　（中止执行 switch 或循环语句）

（7）switch　　　　　　　　　　（多分支选择语句）

（8）goto　　　　　　　　　　　（转向语句）

（9）return　　　　　　　　　　（从函数返回语句）

上面 9 种语句表示形式中的括号"( )"表示括号中是一个"判别条件"，"…"表示内嵌的语句。例如："if( )…else…"的具体语句可以写成：

```
if(x>y)z=x;
else z=y;
```

其中"x>y"是一个"判别条件"，"z=x;"和"x=y;"是语句，这两个语句是内嵌在 if…else 语句中的。这个 if…else 语句的作用是：先判别条件"x>y"是否成立，如果"x>y"成立，就执行内嵌语句"z=x;"；否则就执行内嵌语句"z=y;"。

2. 函数调用语句

函数调用语句由一个函数调用加一个分号构成,例如：

```
printf("Hello world!");
```

3. 表达式语句

表达式语句由一个表达式加一个分号构成，最典型的是，由赋值达式构成一个赋值语句。例如：

```
a=3;
```

4. 空语句

下面就是一个空语句：

```
;
```

即只有一个分号的语句，什么也不做，有时用来作流程的转向点（流程从程序其他地方转到此语句处），也可用来作为循环语句中的循环体（循环体是空语句，表示循环体什么也不做）。

5. 复合语句

可以用{ }把一些语句括起来成为复合语句(又称分程序)。例如下面是一个复合语句：

```
{
    z=x+y;
    t=z/100;
    printf("%f",t);
}
```

注意：复合语句中最后一个语句中最后的分号不能忽略不写。

C 语言允许一行写几个语句，也允许一个语句拆开写在几行上，书写格式无固定要求。

3.1.2 C 语言中输入/输出的概念及实现

许多高级语言都有专门的用于输入/输出的语句，输出用于向外部输出设备（如显示器、打印机、磁盘等）输出数据，输入用于从外部设备（如键盘、磁盘、光盘等）输入数据。C 语言中并没有输入/输出的语句，输入和输出是通过调用编译系统提供的库函数实现。如前面示例中用到的 printf 库函数用于实现向显示器输出，scanf 用于从键盘输入数据。

严格来讲，printf、scanf 并不是 C 语言的组成部分，C 语言主要包含各种运算符、32 个关键词及相关的语言规范，而库函数是 C 语言之外的又和 C 有着紧密关系的东西。C 语言函数库中有一批"标准输入/输出函数"，它是以标准的输入/输出设备（一般为终端设备）为输入/输出对象的。其中有 putchar（输出字符）、getchar（输入字符）、printf（格式输出）、scanf（格式输入）、puts（输出字符串）、gets（输入字符串）。本章主要介绍前面 4 个最基本的输入/输出函数。

3.1.3 字符输入/输出函数

1. 字符输入函数 getchar

getchar 函数（字符输入函数）的作用是从终端输入一个字符。getchar 函数没有参数，其一般形式为：

getchar( )

函数值就是从输入设备得到的字符，可以赋给一个字符变量或整型变量。

【例3.1】输入单个字符。程序如下：

```
#include <stdio.h>
void    main( )
{
        char c;
        printf("请输入 c 的值:\n");
        c=getchar();
        putchar(c) ;
        putchar('\n');                    //换行
}
```

运行结果如下：

请输入 c 的值：g ↙

    g

2. 字符输出函数 putchar

putchar 函数的作用是向终端输出一个字符。其一般形式为：

putchar( )

它输出字符变量 c 的值，c 可以是字符型变量、整型变量或字符。

【例3.2】输出字符串。程序如下：

```
#include <stdio.h>
void    main( )
{
    char a，b，c;
    a= 'M',b= 'E',c= 'N';
     putchar(a);
    putchar(b);
    putchar(c);
    putchar('\n');

}
```

程序运行结果：

MEN

3.1.4   格式输入/输出函数

1. printf 函数

printf 函数的作用是向终端输出若干个任意类型的数据，将输出的数据转换为指定的格式

输出。（printf 可以输出多个数据，且为任意类型）

一般格式为：

printf(格式说明，输出表列);

例如：

printf ("%d,%c",i,c);

说明：（1）"格式说明"是用双引号括起来的字符串。它包括"格式说明"和需要原样输出的"普通字符"。

① 格式说明。格式说明由"%"和格式字符组成，如%d、%f 等，它的作用是将输出的数据转换为指定的格式输出。格式说明总是由"%"字符开始的。

② 普通字符。普通字符即需要原样输出的字符。例如上面 printf 函数中双引号内的逗号、空格和换行符。

（2）"输出表列"是需要输出的变量值，可以是表达式。例如：

printf ("%d%d",a,b);

变量 a 和 b 分别按 d 格式符输出十进制整数。

printf ("a=%d,b=%d",a,b);

变量 a 和 b 分别按"a="及"b="作为提示符，再按 d 格式符输出十进制整数。

printf 是函数，因此"格式控制"字符串和"输出表列"实际上都是函数的参数。printf 函数的一般形式可以表示为：

printf(参数 1,参数 2,参数 3,…,参数 n)

printf 函数的功能是将参数 2～参数 n 按参数 1 给定的格式输出。

（3）printf 用到的格式字符如表 3.1 所示。

表 3.1　printf 格式字符

格式字符	说　　明
d	用来输出十进制整数
md	m 为指定的输出字段的宽度。如果数据的位数小于 m，则左端补以空格；若大于 m，则按实际位数输出
ld	用来输出长整型的十进制整数
o	用来输出八进制整数
x	用来输出十六进制整数
c	用来输出单个字符
u	用来输出十进制无符号数
s	用来输出一个字符串
ms	m 为指定的输出字符串的宽度。如果字符串本身的长度小于 m，则左端补以空格；若大于 m，则按字符串的实际长度输出，不受 m 的限制
−ms	如果字符串长度小于 m，则字符串向左靠，右补空格
m.ns	指定输出长度占 m 列，但只取字符串左端 n 个字符，左补空格
−m.ns	指定输出长度占 m 列，但只取字符串左端 n 个字符，右补空格
f	用来输出实数（包括单、双精度），以小数形式输出 6 位小数，不指定字段宽度。但单精度实数的有效位数为 7 位，双精度实数的有效位数为 16 位

格式字符	说　　明
m.nf	指定输出长度占 m 列，其中有 n 位小数。如果数值长度小于 m，则左端补空格
-m.nf	指定输出长度占 m 列，其中有 n 位小数。如果数值长度小于 m，则数值向左靠，右补空格
e，E	以标准指数形式输出单、双精度数。数字部分小数占 6 位。指数部分占 5 位，其中"e"占 1 位，指数符号占 1 位，指数占 3 位
g，G	选用%f 或%e 格式中输出宽度较短的一种格式，不输出无意义的 0

（4）若要输出字符"%"，则在"格式说明"字符串中用连续两个%表示。例如：

printf ("%f%%",10);

输出：

10%

2. scanf 函数

scanf 函数的作用是从终端设备（如键盘）输入任何类型的多个数据，存入地址列表指定的存储单元。

一般格式：

scanf(格式说明,地址表列);

【例 3.3】用 scanf 函数输入数据。

```
#include <stdio. h>
void main( )
{
int a,b,c;
scanf("%d%d%d", &a, &b, &c);
printf("%d, %d, %d \n" ,a,b,c);
}
```

运行时按以下方式输入 a、b、c 的值：

3　4　5↙　　　（输入 a、b、c 的值）

3,4,5　　　　　（输出 a，b，c 的值）

&a, &b, &c 中的"&"是"地址运算符"，&a 指 a 在内存中的地址。上面 scanf 函数的作用是：按照 a、b、c 在内存的地址将 a、b、c 的值存进去，如图 3.2 所示。变量 a、b、c 的地址是在编译连接阶段分配的。

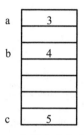

图 3.2　变量在内存中存放

"%d%d%d"表示要按十进制整数形式输入3个数据。输入数据时，在两个数之间以一个或多个空格间隔，也可以用Enter键、Tab键。输入函数用来输入数据时，采用的格式说明字符含义如表3.2所示。输入函数使用的格式说明字符还可加格式说明修饰符，具体含义见表3.3。

表3.2　scanf格式字符

格式字符	说　明
d	用来输入十进制整数
o	用来输入八进制整数
x	用来输入十六进制整数
c	用来输入单个字符
s	用来输入字符串，将字符串送到一个字符数组中，输入时以非空白字符开始，以第一个空白字符结束。字符串以串结束标志'\0'作为其最后一个字符
f	用来输入实数，可以用小数形式或指数形式输入
e	与f作用相同，e与f可以互相替换

表3.3　scanf附加的格式说明修饰符

修饰符	说　明
h	用于d，o，x前，用来指定输入短整型数据
l	用于d，o，x前，用来指定输入长整型数据
	用于f，e前，用来指定输入double型数据
m	指定输入数据所占宽度（列数），应为正整数
*	抑制符，表示指定输入项在读入后不赋给相应的变量

需要强调的是："格式说明"用"%d%d"格式输入数据时，不能用逗号作两个数据的分隔符，而用一个或者多个空格隔开，也可以用回车键、跳格键Tab。但用"%d,%d"格式输入数据时，只能用逗号作为分隔符输入。

例如：

```
scanf("i=%d, j=%d", &i, &j);
```

设i的值为1，j的值为2，必须按以下格式输入数据：

```
i=1，j=2 ✓
```

当两个不同变量数据输入无间隔符时，自动加空格或回车。若"格式说明"中有逗号等分隔符时，原样输入。

3.1.5　程序设计案例

下面介绍几个顺序程序设计的例子。

【例3.4】从键盘输入两个整数i、j，求i除j的余数。程序如下：

```
//求两个整数的余数
#include<stdio.h>                          //头文件
int main()                                 //main 主函数
{
    int i,j,k;                             //定义整型变量 a，b，c
    printf("请输入 i、j 的值：\n");
    scanf ("%d,%d",&i,&j);                 //输入两整数，用逗号间隔
    k=i%j;                                 //"%"为整除运算符
    printf("k=%d\n",k);                    //输出语句
    return 0;
}
```

程序运行结果：

```
请输入 i、j 的值：
15,12
k=3
```

【例 3.5】从键盘输入一个大写字母，要求改用小写字母输出。

根据字符的 ASCII 码值表可以看出，大写字母与之对应的小写字母 ASCII 码值相差 32，根据此思路可以将大写字母转换为小写字母，程序如下：

```
#include <stdio.h>
void main( )
{
    char c1, c2;
    c1=getchar();
    printf("%c,%d\n",c1,c1);
    c2=c1+32;
    printf("%c,%d\n",c2,c2);
}
```

运行情况如下：

```
A
A,65
a,97
```

用 getchar 函数得到从键盘上输入的字母'A'，赋给字符变量 c1。将 c1 分别用字符形式（'A'）和整数形式（65）输出。再经过运算得到字母'a'，赋给字符变量 c2，将 c2 分别用字符形式（'a'）和整数形式（97）输出。

【例 3.6】我国 2001 年工业产值为 100，如果以 9%的年增长率增长，计算到 2008 年时的工业产值。

（1）算法分析：建立数学模型。设 rate 为年增长率，n 为年数，value 为第 n 年的总产值，year 为年份。则有 value=$100\times(1+\text{rate})^n$，$n=\text{year}-2001$。

这里有个指数的求解问题。可以利用函数 pow( )求幂，格式如下：

pow（底，指数）

说明：底和指数均为小数（浮点型数据）。使用求幂函数时，必须要在程序的开头添加头文件 math.h。

（2）数据结构：

根据算法分析，至少要用 4 个量，表示年数、年份、第 n 年的总产值、年增长率。而这 4 个量中，年增长率是小数（浮点型数据），年数和年份是整型数据，总产值为浮点型数据。这些数据都要放在相应的变量中，并进行相应的数据说明。

（3）程序设计：

```
#include <stdio.h>
#include<math.h>
int main()
{
int    n,year ;                                //定义年数 n，年份 year
float    value,rate;                           //定义第 n 年产值和年增长率
printf("请输入年份和年增长率: ");
scanf("%d, %f",&year,&rate);                   //输入年份和年增长率
n=year-2001;
value=100*pow((float)(1+rate), (float)n);      //求解方程
printf("按给定年增长率到指定年份的总产值为%f\n",value);
return 0;
}
```

程序运行结果：

请输入年份和年增长率：2008,0.09
按给定年增长率到指定年份的总产值为 182.803955

3.2 选择结构

在顺序结构中，出现在程序中的所有语句都会顺序执行，不能跳转。但在解决某问题时，可能涉及多种互斥性的操作，对于这些操作，满足一定的条件执行一定的操作，另外的条件执行另外一种操作，这就需要用到选择结构。

C 语言提供两种选择结构语句，即 if 语句和 switch 语句。

3.2.1　if 语句

if 语句是实现选择结构最常用的语句，其作用是根据给定的条件，判断执行哪些语句，要执行的语句可能有一条或多条。语句包括单分支 if 语句、双分支 if 语句、多分支 if 语句和嵌套 if 语句 4 种形式。

1. 单分支 if 语句

该语句的一般形式如下：

if（表达式）

语句；

功能：如果表达式的值为真，那么执行其后的语句，否则不执行该语句。

执行过程如图 3.3 所示。

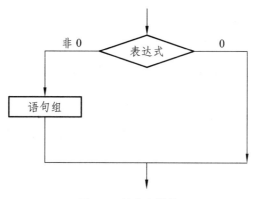

图 3.3　单分支结构

【例 3.7】输入两个数，输出其中较大的那个数。

分析：定义两个变量 a、b，用于接收用户输入的两个数。首先假设 a 的值较大，将其赋给最大值变量 max，然后将 b 与 max 比较，如果 b 大于 max，那么将 b 的值赋给 max，最后输出 max 的值即为最大值。

```
#include<stdio. h>
int    main( )
{
    int    a, b, max;                  //定义 a、b、max 为基本整型变量
    scanf("%d%d",&a,&b);               //输入两个整数，分别给予变量 a 和 b
    max=a;                             //其中一个赋予变量 max
    if(b>max)
    max=b;                             //如果 max 小于 b，则将 b 的值赋予 max
    printf("max is %d\n", max);
    return 0;
}
```

程序运行结果：

1 2

max is 2

需要强调的是，if 语句中的表达式可以是任何合法的 C 表达式，语句可以是任何 C 语句。例如，可以是表达式语句、函数调用语句、空语句、复合语句等。

2. 双分支 if 语句

根据给定的条件，从两组操作中选择一组，即双分支结构。一般格式：

if(表达式)

```
    {  语句1;  }
else
    {  语句2;  }
```

功能：如果表达式的值为真，则执行语句组1，否则执行语句组2。

其流程图如图 3.4 所示。

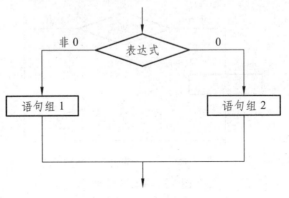

图 3.4 双分支结构

说明：在双分支语句中，else 必须与 if 配对使用，构成 if-else 语句，实现双分支选择。如果 else 缺省，即构成单分支结构。

【例 3.8】输入学生成绩，若大于或等于 60 分，则打印 passed，否则打印 not passed。

分析：定义一个变量 score，用于接收用户输入的学生成绩，比较 score 和 60 的关系，如果存在大于等于关系，则输出 passed，否则输出 not passed。

```c
#include <stdio.h>
int main()
{
    float score;
    printf("Please input a score: ");
    scanf("%f", &score);
    if(score>=60)
    printf("passed\n");
    else
    printf("not passed");
    return 0;
}
```

程序运行结果：

```
Please input a score: 70 ↙
passed
```

【例 3.9】输入 3 个整型数据，求出最大数和最小数。程序如下：

```c
#include<stdio.h>
int main()
```

```
{
    int a,b,c,max,min;
    printf("input three numbers: ");
    scanf("%d%d%d",&a,&b,&c);
    if(a>b)                        //以下比较 a 和 b，max 取大数，min 取小数
    {
        max=a;
        min=b;
    }
    else
    {
        max=b;
        min=a;
    }
    if(max<c)
        max=c;                     //再和 c 比较，max 取大数，min 取小数
    else if(min>c)
        min=c;
    printf("max=%d,min=%d\n",max,min);
    return 0;
}
```

程序运行结果：

```
input three numbers:15    9    66
max=66,min=9
```

3. 多分支 if 语句

前两种形式的语句一般用于两个分支的情况，当有多个分支可供选择时，可采用多分支 if 语句。该语句的一般形式如下：

```
if(表达式 1)
    语句 1；
else if(表达式 2)
    语句 2；
......
else if(表达式 n)
    语句 n；
else
    语句 n+1；
```

功能：依次判断表达式的值，当出现某个表达式的值为真时，则执行其对应的语句，然后跳转到整个语句之后继续执行程序。如果所有的表达式的值均为假，那么执行 else 后的语

句，即语句 $n+1$。执行过程如图 3.5 所示。

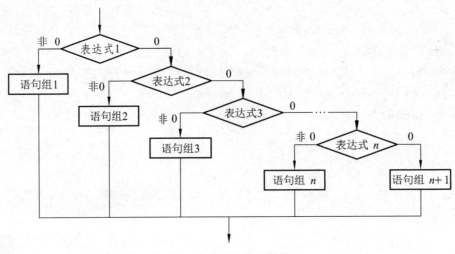

图 3.5　多分支选择结构

【例 3.10】输入一个百分制成绩，要求输出对应的成绩等级。百分制成绩与成绩等级的对照关系如下：

90 分 ~ 100 分为等级 A，80 分 ~ 89 分为等级 B，70 分 ~ 79 分为等级 C，60 分 ~ 69 分等级 D，0 分 ~ 59 分为等级 E。

分析：定义一个变量 score，用于接收用户输入的百分制成绩，然后判断该成绩满足哪个条件，从而输出对应的成绩等级。

```c
# include<stdio. h>
int main( )
{    float score;
    char grade;
    printf("Please input a score:");
    scanf("%f", &score);
    if(score>=90 && score<=100)
       grade='A';
    else if(score>=80&& score<=89)
       grade='B';
    else if(score>=70 &&score<=79)
       grade='C';
    else if(score>=60 && score<=69)
       grade='D';
    else if(score>=0 && score<=59)
       grade='E';
    else
    {
    printf("Your score is wrong!\n");
```

```
        grade='0';
    }
    printf("score is %. 2f, grade is %c\n",score, grade);
    return 0;}
```

程序运行结果：

```
Please input a score: 82 ↙
score is 82.00, grade is B
```

4. 嵌套 if 语句

当 if 语句的操作语句中包含其他 if 语句时，称为嵌套 if 语句。该语句的基本形式如下：

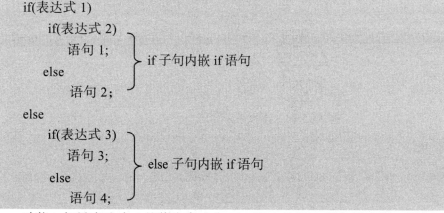

```
if(表达式 1)
    if(表达式 2)
        语句 1;          }  if 子句内嵌 if 语句
    else
        语句 2;
else
    if(表达式 3)
        语句 3;          }  else 子句内嵌 if 语句
    else
        语句 4;
```

功能：如果表达式 1 的值为真（非 0），那么执行 if 子句的内嵌 if 语句，否则执行 else 子句的内嵌 if 语句。内嵌 if 语句就是 if 子句和 else 子句的操作语句，可以是上述 if 语句 3 种形式中的任意一种。

在嵌套 if 语句结构中，一定要注意 else 与 if 之间的对应关系。在 C 语言中规定的对应原则是：else 总是与它前面最近的一个尚未匹配的 if 相匹配。

一般在书写程序时应注意对应的 if 和 else 对齐，将内嵌的语句缩进，这样可增加程序的可读性和可维护性，但要特别注意的是，C 语言编译系统并不是按缩进的格式来查找 else 与 if 之间的对应关系，它只是按"else 总是与它前面最近的一个尚未匹配的 if 相匹配"这一基本原则来查找 else 与 if 之间的对应关系。如果使用了错误的对齐格式，只会起到误导读者的作用，并不会影响程序的执行结果。

以下面的语句段为例：

```
if(表达式 1)
    if(表达式 2)
        语句 1;
else
```

【例 3.11】输入实数 x，按照下列公式计算，并输出 y 值。

$$y=\begin{cases} 1 & (x<-10) \\ 2 & (-10\leqslant x\leqslant 10) \\ 3 & (x>10) \end{cases}$$

47

算法分析：y 根据自变量 x 的值，可取 1、2 或者 3，其程序流程如图 3.6 所示。程序如下：

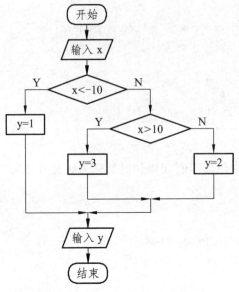

图 3.6　例 3.11 程序流程图

```c
#include <stdio.h>
int main( )
{
    int y;
    float x;
    scanf("%f",&x);
    if(x<-10) y=l;
    else if(x>10) y=3;
    else y=2;
    printf("y=%d\n",y);
    return 0;
}
```

程序运行结果：

-15↙
y=1

再运行一次：

6↙
y=2

再运行一次：

16↙
y=3

3.2.2　switch 语句

switch 语句是多分支选择语句（见图 3.7）。采用了多分支 if 语句来实现成绩的等级分类，使程序变得复杂冗长，降低了程序的可读性。C 语言提供了一种 switch 语句专门处理多分支情形，可以使程序变得简洁易懂。

switch 语句的一般形式如下：

```
switch(表达式)
{
case 常量表达式 1：语句组 1
case 常量表达式 2：语句组 2
    ……
case 常量表达式 n：语句组 n
default: 语句组 n+1
}
```

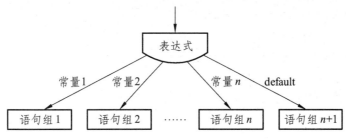

图 3.7　多分支选择结构

功能：首先计算 switch 后面括号内表达式的值，然后依次与各个 case 后面常量表达式的值进行比较，当表达式的值与某一个 case 后面常量表达式的值相等时，就选择这个标号作为入口，执行该 case 子句后面的语句，并继续执行其后的所有 case 子句直到程序结束。如果表达式的值与所有 case 后面的常量表达式的值都不相等，则执行 default 后面的语句。

说明：

（1）switch 后面括号内的"表达式"，允许它为任何类型。

（2）case 后的表达式一定是常量表达式，不允许是变量。且 case 后面各常量表达式的值不能相同，否则会出错。case 后面允许有多个语句，可以不用"{}"括起来。

（3）default 子句可以省略不用。

（4）执行完一个 case 标号后的语句组后，流程转移到下一个 case 标号后的语句组继续执行。如果要求仅执行一个 case 标号后的语句组，可用语句 break 跳出 switch 结构，即：

```
switch(表达式)
{
case 常量表达式 1：语句组 1；break；
case 常量表达式 2：语句组 2；break；
    ……
case 常量表达式 n：语句组 n；break；
```

```
    default：语句组 n+1；
    }
```

【例 3.12】输入 1 ~ 7 的整数，要求输出对应的星期几的英文单词。

```c
#include<stdio.h>
int main()
{
    int a;
    printf("input integer number: ");
    scanf("%d",&a);
    switch(a)
    {
    case 1: printf("Monday\ n"); break;
    case 2: printf("Tuesday\n"); break;
    case 3: printf("Wednesday\n "); break;
    case 4: printf("Thursday\n"); break;
    case 5: printf("Friday\n"); break;
    case 6: printf("Saturday\n"); break;
    case 7: printf("Sunday\n"); break;
    default: printf("error\n");
    }
    return 0;
}
```

程序运行结果：

```
input   integer   number: 3 ↙
Wednesday
```

说明：例 3.12 中出现了 break 语句，在 C 语言中，可以利用 break 语句终止该语句下面所有 case 子句和 default 子句的执行，直接跳出 switch 语句。这种用法在实际编程中比较常见。break 语句的具体用法后续章节将会介绍。

【例 3.13】编写一个四则运算程序，输出计算结果。

算法分析：本例使用 switch 语句用于判断运算符，然后输出运算结果。当输入运算符不是 +，−，*，/ 这四个符号时，则给出错误提示。程序如下：

```c
#include <stdio.h>
int main( )
{
    float a,b;
    char c;
    printf("input expression: a+(-,*,/)b:\n");
    scanf("%f%c%f",&a,&c,&b);
    switch(c)
```

```
        {
            case '+':    printf("%f\n",a+b);break;
            case '-':    printf("%f\n",a-b);break;
            case '*':    printf("%f\n",a*b);break;
            case '/':    printf("%f\n",a/b);break;
            default:     printf("input error.\n");
        }
        return 0;
}
```
程序运行结果:
```
input expression: a+(-,*,/)b:
9+2
11.000000
```

3.3 循环结构

所谓循环,就是指反复执行某些语句或操作,执行次数由循环条件决定。在程序设计中使用循环结构能够将复杂问题简单化,从而降低程序书写长度,提高程序的可读性和执行速度。

在许多问题中需要用到循环控制。例如,要输入全校学生成绩;求若干个数之和;迭代求根等。绝大多数的应用程序都包含循环。循环结构是结构化程序设计的基本结构之一,经常与顺序结构、选择结构相互组合以解决较复杂的问题,它和顺序结构、选择结构共同作为各种复杂程序的基本构造单元。因此,熟练掌握选择结构和循环结构的概念及使用是程序设计的最基本的要求。

C 语言提供 3 种循环语句,分别是 while 语句、do…while 语句和 for 语句。利用这些语句可以实现不同形式的循环结构。循环语句通常都要有终止条件,根据终止条件判断时机的不同,可以将循环语句分为两种类型,分别称为"当型"循环和"直到型"循环。"当型"是指首先判断条件是否满足,如果满足才进入循环,否则什么都不做,取"当条件成立则执行"之意。相应地,"直到型"循环是指首先进入循环,然后再判断条件是否满足,取"一直执行直到条件不成立为止"之意。

3.3.1 while 语句

while 语句可用来实现"当型"循环结构的控制。
一般格式:
```
循环控制变量初始化;
while (表达式)
{
    语句组;
```

循环控制变量增值；

　}

其中表达式是循环控制条件，语句组是循环体。

功能：计算表达式的值，当表达式的值为真（非 0）时，执行 while 语句中的内嵌语句。其流程如图 3.8 所示。

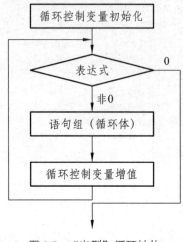

图 3.8　"当型"循环结构

【例 3.14】用 while 语句实现求 s=1 + 2 + 3 + … + 100 的和。程序如下：

```
#include <stdio.h>
int main()
{
    int i,sum;
    sum=0; i=1;                    //循环控制变量初始化
    while (i<=100)                 //循环条件判断
    {
        sum=sum+i;                 //语句组
        i=i+1;                     //循环控制变量增值
    }
    printf("sum=%d\n ",sum);
    return 0;
}
```

程序运行结果：

sum=5050

程序中，表达式 i<=100 作为循环条件，变量 i 记录循环次数。

说明：

（1）while 语句中表达式可以是常量、变量、表达式、函数等，但一般为关系表达式或逻辑表达式。

（2）循环体如果包含一个以上的语句，应该用花括号括起来，以复合语句形式出现。如果不加花括号，则 while 语句的范围只到 while 后面第一个分号处。例如，本例中 while 语句中如无花括号，则 while 语句范围只到 "sum=sum+i; "。

（3）在循环体中应有使循环趋向于结束的语句。例如，在本例中循环结束的条件是 "i > 100"，因此在循环体中应该有使 i 增值以最终导致 i=100 的语句，使用 "i++;" 语句来达到此目的。如果无此语句，则 i 的值始终不改变，循环永不结束。

（4）在 while 循环体中可以包含 while 语句，从而构成双重循环。

3.3.2 do…while 语句

do…whlie 语句是用来实现 "直到型" 循环的循环语句。

一般格式：

```
循环控制变量初始化；
    do
    { 语句组；
      循环控制变量增值；
    }while(表达式);
```

功能：先执行一次循环体语句，然后计算表达式的值，若为真，则继续执行循环体语句，然后再次计算表达式的值，如此反复，直到表达式的值为假，退出循环，转去执行 do…while 语句后面的语句。

【例 3.15】用 do…while 循环结构实现求 s=1 + 2 + 3 + … + 100 的和。

```c
#include <stdio.h>
int    main ( )
{
    int i=1,sum=0;              //循环控制变量初始化
    do
    {
        sum=sum+i;              //语句组
        i=i+1;                  //循环控制变量增值
    }while (i<=100);            //循环条件判断
    printf("1 + 2 + 3 + … + 100=%d\n",sum);
    return 0;
}
```

程序运行结果：

```
1+2+3+…+100=5050
```

【例 3.16】编写程序，找出满足条件 1+2+3+…+n < 500 的最大的 n 值。

分析：定义一个累加器 sum，然后从自然数 1 开始依次进行累加，直到与自然数 n 相加后累加器 sum 的值大于 500，则 n 的前一个自然数 n-1 即为所求。算法流程图如图 3.9 所示。

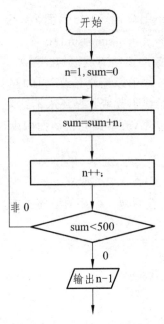

图 3.9 找出 n 值的算法流程图

```c
#include<stdio.h>
int main( )
{
    int n=0,sum=0;
    do
    {
        n++;
        sum=sum+n;
    }while(sum<500);
    printf("最大的 n 值是：%d\n",n-1);
    return 0;
}
```

程序运行结果：

最大的 n 值是：31

【例 3.17】用 do…while 循环求 n!。

分析：

（1）定义变量 n，接受用户的输入；

（2）定义累乘器变量 multi，multi←1；定义变量 i，i←1；

（3）如果 n<0，则给出相应的提示信息；如果 n=0，则直接输出变量 multi 的值 1；否则，执行第 4~5 步。

（4）如果 i<=n，则循环执行以下语句：

```
multi ← multi * i;          //实现累乘功能；
i ++;
```

（5）输出 multi 的值。

程序如下：

```c
#include<stdio.h>
int main( )
{
    int    n,i=1;
    long    int    multi=l;
    printf("please input n(n>=0): " );
    scanf ("%d",&n);
    if(n<0)
    printf("invalid input! ");
    else if(n==0)
    printf("%d!= %ld\n",n,multi);
    else
    {
    do
      {
        multi= multi*i;
        i++;
      }while(i<=n);
    }
 printf("%d!=%1d\n",n,multi);
 return 0;
}
```

程序运行结果：

```
please    input    n(n >=0):5 ✔
5!=120
```

3.3.3 for 语句

C 语言的 for 语句使用最为灵活，不仅可以用于循环次数已经确定的情况，而且可以用于循环次数不确定而只给出循环结束条件的情况，它完全可以代替 while 语句。

for 语句的一般形式如下：

for(表达式 1;表达式 2;表达式 3)

功能：先计算"表达式 1"的值，再判断"表达式 2"的值，如果"表达式 2"的值为真，则执行循环体语句，执行一次后，再算"表达式 3"的值，然后再次计算"表达式 2"的值，如果仍为真，则继续执行循环体语句，如此反复，直到"表达式 2"的值为假，此时不再执行循环体语句，退出循环，转去执行 for 语句后面的语句。for 语句的运行过程如图 3.10 所示。

下面给出应用最广泛、也最容易理解的 for 语句的一般形式：

```
for(循环变量赋初值;循环条件;循环变量值改变)
{
语句块；
}
```

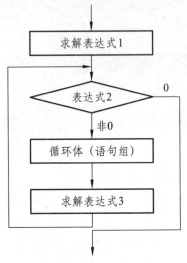

图 3.10　for 循环执行流程图

【例 3.18】用 for 循环结构来计算 1+2+3+…+100 的值。程序如下：

```
#include <stdio.h>
int main ()
{
    int i,sum=0;
    for (i=1;i<=100;i++)
        sum=sum+i;
    printf ("1+2+3+…+100=%d\n",sum);
    return 0;
}
```

程序运行结果：

```
1+2+3+…+100=5050
```

【例 3.19】计算 1~n 的自然数的平方和。

分析：采用 for 语句实现求解自然数的平方和问题，需要定义循环变量 i，初值为 1，条件为 i<=n，循环变量 i 每次增 1。然后定义一个累加器 sum，对 i 的平方，即 i*i 实现累加即可。

```
#include < stdio.h >
int main( )
{
    int    i, n;
    long int sum=0;
```

```
        printf("Please input n(n>=1): ");
        scanf("%d", &n);
            for(i=l;i<=n;i++)
                sum=sum+i* i;
            prinf("The result is: %d\n", sum);
            return 0;
    }
```

程序运行结果：

Please input n(n>=1): 5 ↙

The result is: 55

相关说明：

（1）for 循环中的"表达式 1""表达式 2""表达式 3"都是选择项，都可以省略，但是分号不能省略。

（2）"表达式 1"通常用于循环变量赋初值，如果省略，表示不对循环变量赋初值或者已经把赋初值语句放在了 for 语句前面。

例如，例 3.19 中的循环语句可以用下面的语句替换：

```
i=1;
for(;i<=n;i++)
{sum = sum+i*i;  }
```

（3）"表达式 2"通常用于表示循环条件，如果省略，不作其他处理时便成为死循环，这就需要在循环体语句中放有循环结束的语句。省略表达式 2，系统默认循环条件永远为真。

例如，例 3.19 中的循环语句可以用下面的语句替换：

```
for(i=1;;i++)
{
    if(i>n)
        break;          //强制退出循环体语句的执行
    sum=sum+i*i;
}
```

（4）"表达式 3"通常用于循环变量增值，如果省略，则不对循环控制变量进行操作，这时应在循环体语句中增加能够实现对应功能的语句。

例如，例 3.19 中的循环语句可以用下面的语句替换：

```
for(i=1; i<=n;)
{
    sum=sum+i* i;
    i++;
}
```

（5）"表达式 2"一般为关系表达式或逻辑表达式，但也可以是数值表达式或字符表达式，只要其值非零，就执行循环体。

【例 3.20】输入一串字符，统计输入字符的个数。

分析：C 语言中不能定义字符串型变量，因此本例可以定义一个变量，通过循环依次接收字符串中的各个字符，每接收一个，计数加 1，当所有字符被接收完毕（通常情况下以回车作为输入字符串的结束标志），就得到了输入字符的个数。

```c
#include < stdio. h>
int main( )
{
    int n;
    char c;
    for(n=0;(c=getchar())!='\n';n++)
            ;
    printf("The number of letter is %d\n",n);
    return 0;
}
```

程序运行结果：

```
The C program ✔
The number of letter is 13
```

思考：如何实现输出 Fibonacci 数列 1,1,2,3,5,8,13…的前 20 项，要求每输出 5 项后换行。

3.3.4 循环嵌套

循环嵌套也称为多重循环，是一个循环结构的循环体内又包含另一个循环结构。原则上，循环嵌套的层数是任意的。while、do…while 和 for 语句可以互相嵌套，从而构成多重循环。

在使用联套循环时，应使用复合语句（用花括号将循环体语句括起来），以保证程序的结构清晰。内层循环和外层循环使用不同的循环控制变量，否则极易造成循环的混乱，此外循环嵌套不能出现交叉，即在一个循环的循环体内必须完整地包含另一个循环，而不能出现交叉。

【例 3.21】嵌套循环示例。

```c
#include<stdio.h>
void main ( )
{
    int i,j;
    for(i=0;i<=3;i++)
    {
        printf("i = %d ==>", i);
        for(j = 0; j<=3;j++)        //内层循环
        printf( " j=%d   ",j);
    printf("\n");
    }
}
```

程序的运行结果：

```
i=0 ==>j = 0    j = 1    j = 2    j = 3
i=1 ==>j = 0    j = 1    j = 2    j = 3
i=2 ==>j = 0    j = 1    j = 2    j – 3
i=3 ==>j = 0    j = 1    j = 2    j = 3
```

程序的主体部分有嵌套的两重循环构成，外层循环的循环控制变量为 i，i 从 0 循环到 3 需要执行循环语句 4 次。外层循环的循环体语句共包含三条语句，其中两条语句为 printf 函数调用，另外一条为嵌套的内层循环，循环变量为 j，控制 j 从 0 循环到 3。

【例 3.22】利用双重 for 循环结构打印出 9*9 乘法表。程序如下：

```c
#include<stdio.h>
int main ()
{
    int i , j;
    for (i=1;i<10;i++)
    {
        for (j=1;j<=i;j++ )
            printf ("%d*%d=%d    ", i,j,i*j );
        printf ("\n");
    }
    return 0;
}
```

程序运行结果：

```
1*1=1
2*1=2    2*2=4
3*1=6    3*2=6    3*3=9
4*1=4    4*2=8    4*3=12    4*4=16
5*1=5    5*2=10   5*3=15    5*4=20   5*5=25
6*1=6    6*2=12   6*3=18    6*4=24   6*5=30   6*6=36
7*1=7    7*2=14   7*3=21    7*4=28   7*5=35   7*6=42   7*7=49
8*1=8    8*2=16   8*3=24    8*4=32   8*5=40   8*6=48   8*7=56   8*8=64
9*1=9    9*2=18   9*3=27    9*4=36   9*5=45   9*6=54   9*7=63   9*8=72   9*9=81
```

3.3.5 break 语句和 continue 语句

在循环语句执行过程中，有时需要中断循环。C 语言中提供了两个中断循环语句：break 语句和 continue 语句。break 语句是跳出本层循环不执行，continue 语句是结束本次循环，下次循环可以继续执行。多重循环可以设置一个标志变量，逐层跳出。

1. break 语句

break 语句用于跳出 switch 语句或跳出本层循环体，其语法格式如下：

break;

（1）break 语句只用于循环语句或 switch 句中。在循环语句中，break 常常和 if 语句一起使用，表示当条件满足时，立即中止循环。注意 break 不是跳出 if 语句，而是跳出循环结构。

（2）循环语句可以嵌套使用，break 语句只能跳出（终止）其所在的循环，而不能跳出多层循环。要实现跳出多层循环可以设置一个标志变量，控制逐层跳出。

【例 3.23】编写程序，判断从键盘输入的自然数是否为素数（质数）。

需要说明以下几点：

（1）所谓素数，就是只能被 1 和它自身整除的大于 1 的整数。

（2）要判断 n 是否为素数，就要用 n 分别除以 2、3、…、n-1，如果都不能被整除，则 n 就是素数，正常退出循环；如果 n 能被某个数整除，则 n 不是素数，需要退出循环。

实际上要判断 n 是不是素数，只要用 n 除以 2、3、…、n-1 即可。

程序代码如下：

```c
#include <stdio.h>
#include <math.h>
void main()
{
int i, n, k;
printf("Input a number (>1): ");
scanf("%d", &n);
k=sqrt(n);
for (i=2;i<=k;i++)
      if(n%i==0) break;
if(i>k)
      printf("%d is a prime number\n",n);
else
      printf("%d is not a prime number\n", n);
}
```

程序运行结果：

```
Input a number (>1):17
17 is a prime number
```

2. continue 语句

continue 语句的语法格式如下：

continue;

continue 语句的作用为结束本次循环，即跳过循环体中下面尚未执行的语句，接着进行下一次是否执行循环的判定。执行 continue 语句并没有使整个循环终止，注意这与 break 的不同。

continue 语句只结束本次循环，而不是终止整个循环的执行。

【例 3.24】把 100～120 不能被 3 整除的数输出。

```
#include <stdio.h>
void main( )
{
    int n;
    for (n=100;n<=120;n++)
    {
        if (n%3==0)continue;
        printf("%5d",n);
    }
}
```

程序运行结果：

100　101　103　104　106　107　109　110　112　113　115　116　118　119

说明：当 n 能被 3 整除时，执行 continue 语句，结束本次循环（即跳过 printf 函数语句），只有 n 不能被 3 整除时才执行 printf 函数。

3.3.6　循环程序设计案例

【例 3.25】求 100～200 的全部素数。

```
#include <stdio.h>
#include <math.h>
void main()
{   int m, k, i, n=0;
    for(m=101;m<=200;m=m+2)
    {
      k=sqrt(m);
      for (i=2;i<=k;i++)
      if (m%i==0) break;
      if (i>=k+1)
      {
        printf("%d   ", m);
        n=n+1;
      }
      if(n%10==0) printf("\n");
    }
    printf ("\n");
}
```

程序运行结果：

101　103　107　109　113　127　131　137　139　149
151　157　163　167　173　179　181　191　193　197
199

【例 3.26】输入一行字符，要求输出其相应的密码。

```c
#include <stdio.h>
void main()
{
    char c;
    while((c=getchar())!='\n')
    {
        if((c>='a' && c<='z') || (c>='A' && c<='Z'))
        {
            c=c+4;
            if(c>'Z' && c<='Z'+4 || c>'z')
            c=c-26;
        }
        printf("%c", c);
    }
}
```

程序运行结果：

```
China! ✓
Glmre!
```

【例 3.27】编写打印下面图形的程序。程序如下：

```
   *
  ***
 *****
*******
 *****
  ***
   *
```

```c
#include <stdio.h>
int main()
{
    int i,j,k;
    for(i=1;i<=4;i++)                      //控制输出行数
    {
        for(j=1;j<=4-i;j++)                //每行*前空出的列数
            printf(" ");                   //将光标移动至指定位置
        for(k=1;k<=2*i-1;k++)              //控制每行*的个数
            printf("*");
        printf("\n");
    }
```

```
        for(i=1;i<4;i++)                    //以下完成下半部分图形的输出
        {
            for(j=1;j<=i;j++)
                printf(" ");
            for(k=1;k<=7-2*i;k++)
                printf("*");
            printf("\n");
        }
        return 0;
    }
```

程序运行结果：

```
              *
             ***
            *****
           *******
            *****
             ***
              *
```

说明：先把图形分成两部分来看待，前四行一个规律，后三行一个规律，利用双重 for
循环语句，第一层控制行，第二层控制列。

3.4　本章小结

本章介绍了结构化程序设计的 3 种基本控制结构：顺序结构、选择结构和循环结构。它
们是程序设计的基础，读者应熟练掌握。本章知识结构如图 3.11 所示，建议读者进行进一步
的扩充，深入理解所学内容。

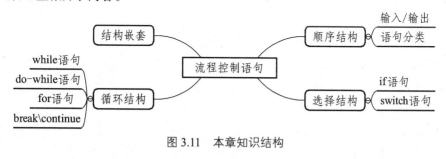

图 3.11　本章知识结构

实训 3.1　简单程序设计

一、实训目的

1. 进一步熟悉 C 程序的编辑、编译、连接和运行过程。

2. 掌握 C 程序的输入与输出方法。

3. 初步掌握 C 程序算法的设计思想。

二、实训内容

1. 从键盘输入一个大写字母，改为小写字母，输出相应的字符和 ASCII 码。

提示：定义一个字符型变量 ch；用输入函数 scanf 或 getchar()输入一个大写字母；再利用 ch=ch+32，把大写字母变成小写字母；最后利用输出函数 printf 或 putchar()输出变量 ch 中的值。

2. 编写程序求半圆面积。

提示：定义一个变量 r 存放圆半径的值，变量 s 存放半圆面积；赋值 pi=3.14159，s=pi*r*r/2.0；再用输出函数 printf 或 putchar()输出圆半径及半圆面积。

3. 已知一名学生的 4 门学位课考试成绩，求他的学位课平均成绩。

提示：定义 4 个实型变量，用来存放 4 门学位课成绩；再定义 1 个实型变量，用来存放平均成绩；用输入函数 scanf 输入 4 门学位课考试成绩；计算平均成绩=4 门成绩之和除以 4，赋给指定的变量；最后利用输出函数 printf 输出平均成绩。

4. 编写一个程序，从键盘输入一个球半径，求球的表面积和体积（保留 2 位小数）。

提示：定义 3 个实型变量 r、s、v，分别用来存放球的半径、球的表面积和体积；用函数 scanf 输入球的半径；然后赋值和计算 pi=3.14159，s=pi*r*r，v=3.0/4.0*π*r*r*r；最后用函数 printf 输出球的半径、球的表面积和体积。

5. 输入两个整数，然后交换原来的值，再按顺序输出。

6. 编写程序，从键盘上输入一个字符，然后输出该字符。

实训 3.2　分支结构程序设计

一、实训目的

1. 熟悉分支程序的结构，掌握 if 语句的基本格式。

2. 使用 if 和 switch 语句进行分支程序设计。

二、实训内容

1. 分析下面程序的结构和运行结果，并上机验证。

```
(1) #include<stdio.h>
    int main()
    {
    float x,y;
    printf("x=");
    scanf("%f",&x);
    if(x<=1) y=x;
    else if(x>=5) y=3*x*x;
    else y=2*x;
    printf("y=%f\n",y);
```

```
        return 0;
        }
(2) #include<stdio.h>
    int main()
    {
    int i=0,j=0,k=0,m;
    for(m=0;m<4;m++)
        switch(m)
            {case 0:i=m++;break;
             case 1:j=m++;
             case 2:k=m++;
             case 3:m++;
            }
    printf(" %d,%d,%d,%d\n",i,j,k,m);
    return 0;
    }
```

2. 由键盘输入 3 个整数 a，b，c，求出最大数并输出。

提示：定义 4 个变量 a，b，c 和 max，由键盘输入 3 个任意整数，分别赋给变量 a，b，c；第一次比较 a 和 b，把大数存入 max；第二次比较 max 和 c，把最大数存入 max；用 if 语句实现。

3. 由键盘输入学生成绩，按 "A""B""C""D""E" 划分等级，并输出结果。其中 90 分以上为 "A"，89～80 分为 "B"，79～70 分为 "C"，69～60 分为 "D"，60 分以下为 "E"。

提示：对输入的数据进行检查，如小于 0 或大于 100，重新输入；然后用 switch-case 语句分类。

4. 从键盘上输入一个年份，判断是否为闰年。

提示：如果年份能被 4 整除且不能被 100 整除或者能被 400 整除，则该年为闰年。

5. 分别用 if 语句和 switch 语句计算以下分段函数的值。

y=x*x+1，x>=8
y=x-2，x>=2 && x<8
y=x+5，x<2

实训 3.3　循环结构程序设计

一、实训目的

1. 熟悉 while、do…while 和 for 语句的作用。

2. 掌握循环结构和循环嵌套的程序设计。

二、实训内容

1.分析下面程序的结构和运行结果，并上机验证。

```
(1) #include<stdio.h>
    int main()
    {
    int x=10,y=10,i;
    for(i=0;x>8;y=++i)
        printf(" %d %d",x--,y);
    return 0;
    }
(2) #include<stdio.h>
    int main()
    {
        int i,t=1,s=0;
        for(i=1;i<=101;i+=2)
            {t=t*i;
             s=s+t;
             t=t>0?-1:1;
    }
    printf("%d\n",s);
    return 0;
    }
```

2. 计算 1+2+3+……+n 的和，n 值从键盘输入。

3. 计算 1-3+5-7+……-99+101 的值。

4. 由键盘输入两个正整数 m 和 n，求最大公约数和最小公倍数。

提示：求 m 和 n 两数的余数。余数只要一个不为零，就继续循环，当两个余数都为零时，说明 m 和 n 能被整除，保留该值，并继续循环；其中最大的就是最大公约数。保存两数乘积，利用最大公约数求最小公倍数。

5. 编程输出下列图形。

```
        *****
       *****
      *****
     *****
    *****
```

提示：采用双重循环来实现，i 用于*计数，j，k 分别用于控制行和列的输出。

6. 从键盘输入 4 个整数，由大到小顺序输出。

提示：依次比较，双重循环。

7. 从键盘输入一行字符：He said: "My telephone number is 086-029-72885639. "分别统计其中的英文字母、空格、数字和符号的个数。

提示：根据符号、数字、大小写字母的 ASCII 值确定其种类，并计数。

习题 3

一、填空题

1. 在函数 printf()中，以带符号的十进制形式输出整数的格式字符是＿＿＿＿＿；只能输出一个字符的格式字符是＿＿＿＿＿；用于输出字符串的格式字符是＿＿＿＿＿；以小数形式输出实数的格式字符是＿＿＿＿＿；以无符号十进制形式输出整数的格式字符是＿＿＿＿＿。

2. C 语句的最后用＿＿＿＿＿结束。

3. 一个函数由＿＿＿＿＿＿部和＿＿＿＿＿＿两部分组成。

4. 结构化程序由＿＿＿＿＿、＿＿＿＿＿、＿＿＿＿＿3 种基本结构组成。

5. C 语言本身不提供输入/输出语句，输入/输出的操作是通过调用库函数＿＿＿＿＿＿和＿＿＿＿＿＿完成。

6. 在 C 语言中，用于循环控制的语句有＿＿＿＿＿＿、＿＿＿＿＿＿、和＿＿＿＿＿＿。

7. break 语句只能用在＿＿＿＿＿语句和＿＿＿＿＿语句中。

8. continue 语句只能用在＿＿＿＿＿语句中，作用是＿＿＿＿＿＿＿＿＿＿＿＿＿＿。

9. 以下程序段的输出结果是＿＿＿＿＿。

```
int i=0,sum=1;
do{
    sum+=i++;
    }while(i<5);
  printf("%d\n",sum);
```

10. 若 i 和 k 都是 int 类型变量，有以下 for 语句：for(i=1,k=-1;k==1;k++); 该循环体执行＿＿＿＿＿次。

一、选择题

1. 只能向终端输出一个字符的函数是（　　　　）。

    A. printf 函数　　　　　　　　　　　B. putchar 函数

    C. getchar 函数　　　　　　　　　　　D. scanf 函数

2. 一个 C 语言的源程序中，（　　　　）。

    A. 必须有一个主函数　　　　　　　　B. 可以有多个主函数

    C. 必须有主函数和其他函数　　　　　D. 可以没有主函数

3. 以下选项中不是 C 语句的是（　　　　）。

    A. ;　　　　　　　　　　　　　　　　B. {int i; i++;printf("%d\n",i);}

    C. x=2,y=10　　　　　　　　　　　　D. {;}

4. 以下程序的运行结果为（　　　　）。

```
#include <stdio.h>
main()
{ char c1='a',c2='b',c3='c';
```

```
    printf("a%c b%c\tc%c\n",c1,c2,c3);
}
```
    A. abc abc abc   B. aabb   cc   C. a b c   D. aaaa bb

5. 若 t 为 double 类型，表达式"t=1,t*5"，则 t 的值为（　　　　）。

    A. 1   B. 6.0   C. 2.0   D. 1.0

6. 程序运行时若从键盘输入 10、A、10，以下程序的输出结果是（　　　　）。

```
#include <stdio.h>
main()
{int m=0，n=0;
 char c='a';
 scanf("%d%c%d",&m,&c,&n);
 printf("%d,%c,%d\n",m,c,n);
}
```
    A. 10,A,10   B. 10,a,10   C. 10,a,0   D. 10,A,0

7. 有以下程序：

```
main()
{
    int   a=2，b=-1,c=2;
    if(a<b)
        if(b<0)   c=0;
    else c+=1;
    printf("%d\n",c);
}
```
程序的输出结果是（　　　　）。

    A. 1   B. 0   C. 2   D. 3

8. 有以下程序：

```
int   main()
    {
    int a, b, s:
    scanf( %d%d"&a,&b);
    s=a;
    if (a<b) s=b:
    s*=s;
     printf(%d\n",s);
    }
```
若执行程序时从键盘输入 3 和 4，则输出结果是（　　　　）。

    A. 14   B. 16   C. 18   D. 20

9. 设 i 和 x 都是 int 类型，则 for 循环语句（　　　　）。

```
for(i=0,x=0;i<=9&&x!=876;i++) scanf("%d",&x);
```

A. 最多执行 10 次   B. 最多执行 9 次

C. 是无限循环   D. 循环体一次也不执行

10. 下面程序的输出结果是（   ）。

```c
#include<stdio.h>
int main()
{
        int x=3;
        do
                printf("%3d",x-=2);
        while(!(--x));
        return 0;
}
```

A. 1   B. 3   0   C. 1   -2   D. 死循环

三、程序设计

1. 输入两个整数给变量 x、y，然后进行交换，把 x 中原来的值给 y，把 y 中原来的值给 x，再按顺序输出 x、y 的值。

2. 编写程序把分钟数换算成用小时和分钟表示，然后输出。

3. 编写程序，求 1-3+5-7+……-99+101 的值。

4. 小明有 5 本新书，要借给 ABC 三位小朋友，每人每次只能借到一本，共有多少种不同的借书方案？请列出每种具体借书方案。

第4章 数 组

　　前面我们学习了 C 语言中的一些基本数据类型（整型、浮点型和字符型）。处理、统计大批量数据是计算机应用中的一个非常重要的方面，仅使用基本数据类型远远不能满足需求，C 语言还提供了数组等构造类型。本章主要介绍一维数组、二维数组的定义、初始化、数组元素的引用、字符数组及字符串的处理方法，同时介绍常用的标准字符串处理函数的功能和应用。

【学习目标】

- 熟练掌握一维数组的应用
- 掌握二维数组的定义、初始化和元素的引用方法
- 掌握字符数组的定义、初始化和元素的引用方法
- 掌握常用字符串函数的应用
- 能够使用数组解决简单的实际问题

4.1　一维数组

　　数组是指存储相同类型的一组数的数据结构。数组一旦声明后，系统会为其分配一组地址（连续的存储空间），分别存储数组各元素的值。一维数组是指每个元素只带一个下标的数组。下标用来表示数组元素在数组中的位置，元素的下标从 0 开始计，数组名表示数组在内存中的起始地址，可以将元素的下标理解为元素存放位置相对于数组名的偏移量。

4.1.1　一维数组的定义和初始化

　　数组用于表示具有一定顺序关系且类型相同的若干变量的集合，组成数组的变量称为数组的元素。一维数组是最简单的数组，其逻辑结构为线性表。一维数组必须先定义才能使用。

　　1. 一维数组的定义

　　格式：

　　类型说明符　数组名[常量表达式];

　　功能：定义一个一维数组，常量表达式的值表示数组元素的个数。例如：

　　int a[10];

定义了一个整型数组，数组名为 a，有 10 个元素。

　　说明：

　　（1）数组名的命名规则和变量名相同，遵守标识符命名规则。

（2）数组名后面是用方括号括起来的常量表达式，表示元素个数，即数组的长度。

（3）每个数组第一个元素的下标固定为 0，称为下标的下界；最后一个元素的下标为元素个数减 1，称为下标的上界。譬如数组 a[10]有 a[0]，a[1]，…，a[9]10 个元素。

（4）定义数组时，指定数组元素个数的常量表达式中可以包括常量和符号常量，不允许是 0、负数和浮点数，也不能包含变量。

（5）数组的定义可以和普通变量的定义出现在同一个定义语句中。例如：

float k,a[5],b[20];

2. 一维数组的初始化

数组定义后，系统为其开辟所需的存储单元，但是如果未经初始化，其存储单元中的数值是不确定的，即随机数。故需赋值，也称为初始化。可以用赋值语句或输入语句对数组元素赋值。为了方便，常在定义数组时对其初始化。

一般格式为：

类型说明符　数组名[常量表达式]={初值 1,初值 2,……};

功能：在定义数组时对数组元素赋以初值。

说明：初值可以是数值型、字符常量或字符串。数组元素的初值必须依次放在一对大括号内，各初值之间用逗号隔开。

举例：

（1）定义并给数组 a 各元素赋以初值。例如：

int a[10]={0,1,2,3,4,5,6,7,8,9};

定义和初始化之后，结果：

a[0]=0,a[1]=1,a[2]=2,a[3]=3,a[4]=4,a[5]=5,a[6]=6,a[7]=7,a[8]=8,a[9]=9

（2）可以只给一部分元素赋初值。例如：

int a[10]={0,1,2,3,4};

定义数组 a 有 10 个元素，但{}内只提供了 5 个数。表示只给前 5 个元素赋初值，后 5 个元素的值自动取默认值 0。

（3）如果想使一个数组中全部元素值都为 0，可以写成：

int a[10]={0,0,0,0,0,0,0,0,0,0};

或

static int a[10];

系统对所有数组元素自动赋以 0 值。

（4）在对全部数组元素赋初值时，可以不指定数组长度：

int a[]={1,2,3,4,5};

编译系统根据大括号中数据的个数确定数组的长度。相当于：

int a[5]={1,2,3,4,5};

若定义数组长度为 10，在给部分元素赋初值时，不能省略数组长度，必须写成：

int a[10]={1,2,3,4,5};

为了避免出错，建议定义数组时，无论是否对全部数组元素赋初值都不要省略数组长度。

4.1.2 一维数组元素的引用

在 C 语言中，只能引用单个数组元素，而不能一次引用整个数组。数组元素的引用格式：

数组名 [下标]；

下标可以是整型常量或整型表达式，其合法值的范围是 0~长度-1。任何一个数组元素的引用都可以看成一个变量。例如：

a[0]=a[5]+a[7]-a[2*3]

例如：建立一个数组，数组元素 a[0]~a[9]的值分别为 0~9，然后按顺序输出。

```c
#include<stdio.h>
int main()
{
    int i, a[10];                    //定义整型数组 a[10]
    for(i=0; i<=9; i++)
        a[i]=i;                      //给数组赋值
    for(i=0; i<=9; i++)
        printf("%2d",a[i]);          //输出数组 a[10]
    return 0;
}
```

程序运行结果：

0 1 2 3 4 5 6 7 8 9

注意：数组的定义和数组元素的引用都要用到数组名[整型表达式]。在定义数组时方括号内是常量表达式，表示数组长度，它可以是常量或符号常量，而不能是变量。而在数组元素引用时方括号内的表达式代表下标，可以是变量，合理取值范围是[0，数组长度-1]。

在引用数组元素时，C 语言不检查下标是否越界，在编程时须注意下标不要越界。

4.1.3 数列的排序程序实例

【例 4.1】从键盘上输入 10 个整型数据，倒序排列存储，再倒序输出。

算法分析：倒序排列，可将数组中的第一个元素与最后一个元素交换，第二个元素与倒数第二个元素交换，以此类推，直到数组中间的元素为止。程序如下：

```c
#include<stdio.h>
int main()
{    int k,t,i;
     int a[10];
     printf("请输入 10 个数据到 a 数组:\n");
     for(i=0;i<10;i++)                      //输入 10 个整型数据，存入数组 a
         scanf("%d",&a[i]);
     printf("数组 a 的数据为:\n");
     for(k=0;k<10;k++)
```

```
        printf("%4d",a[k]);                    //输出原数组中的元素
        printf("\n");
        i=10;
        for(k=0;k<=i/2-1;k++)                  //倒序排列
        {t=a[k];a[k]=a[i-k-1];a[i-k-1]=t;}
        printf("\n 倒序排列后，数组 a 的内容为：\n");
        for(k=0;k<10;k++)                      //按倒序输出
            printf("%4d",a[k]);
        printf("\n");
        return 0;
        }
```

程序运行结果如图 4.1 所示。

图 4.1　程序运行结果

【例 4.2】10 个学生参加歌咏比赛，老师把学生成绩一一记录下来，现将学生按比赛成绩由低到高进行排序。

算法分析：排序的方法有多种，这里使用"冒泡排序"法，即像水中气泡一样，将小的数据升到上面，将大的数据沉到下面。也就是相邻两数比较，小的换到前面，大的换到后面。

首先将 10 个元素存入一维数组 a[10]中。排序时，先将第 0 个元素和第 1 个元素比较，若 a[0]>a[1]，则交换两个元素，然后进行第 1 个元素和第 2 个元素的比较，以此类推，直至 a[8] 与 a[9]比较后为止。这样，经过一轮扫描，可使最大元素排到 a[9]的位置上。第二遍只需扫描前 9 个元素，将次大元素排到 a[8]中。经过 9 轮排序后，可使 9 个元素排列到正确的位置上。程序如下：

```
#include<stdio.h>
int main()
{
  float a[10];                              //定义实型数组
  int i,j;
  float t;
  printf("input 10 numbers：\n");           //输入 10 个数
  for(i=0;i<10;i++)
```

```
        scanf("%f",&a[i]);
    printf("\n");
    for(j=0;j<10;j++)                          //排序 9 遍，即外循环
    for(i=0;i<9-j;i++)                         //第 j 遍排序，即内循环
        if(a[i]>a[i+1])                        //比较，判断是否交换
            {t=a[i];a[i]=a[i+1];a[i+1]=t;}     //a[i]与 a[i+1]交换
    printf("the sorted number:\n");
    for(i=0;i<10;i++)
        { printf("%6.1f",a[i]);                //输出 10 个数据
          if((i+1)%5==0) printf("\n");         //输出换行
        }
    return 0;
}
```

程序运行结果如图 4.2 所示。

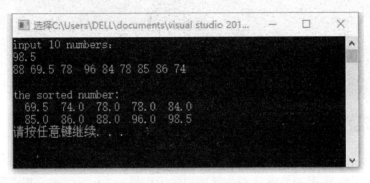

图 4.2　程序运行结果

4.2　二维数组及多维数组

当数组元素的下标具有两个或者两个以上时，该数组称为多维数组。如果有两个下标，则称为"二维数组"；如果是三个下标，则称为"三维数组"。这里着重介绍二维数组。二维数组也可以看作具有行和列的平面数据结构，如矩阵。

4.2.1　二维数组的定义和初始化

1. 二维数组的定义

格式：

类型说明符　数组名[常量表达式 1][常量表达式 2];

功能：按指定"数据类型"定义二维数组，有"行长度×列长度"个元素。

说明：

（1）数组类型可以是任何基本数据类型，也可以是后面将要介绍的指针、结构等，数组

名用标识符表示。

（2）两个整型常量表达式分别表示数组的行数和列数，行列下标值均从 0 开始。

（3）数组元素占有连续的存储空间，各元素按行顺序排列。

例如：

int a[3][4];

（1）表示定义 a 为 3×4 的整型二维数组，有 12 个元素，各元素表示如下：

a[0][0]，a[0][1]，a[0][2]，a[0][3]

a[1][0]，a[1][1]，a[1][2]，a[1][3]

a[2][0]，a[2][1]，a[2][2]，a[2][3]

（2）二维数组 a 的每一行可看作一个一维数组，常用 a[i]表示第 i 行构成的一维数组名。这样，a[3][4]也可以看成有 3 个元素的一维数组：a[0]、a[1]、a[2]；而每个一维数组又各有 4 个 int 型数据元素，如图 4.3 所示。

$$a[3][4] \begin{cases} a[0] \rightarrow a[0][0]，a[0][1]，a[0][2]，a[0][3] \\ a[1] \rightarrow a[1][0]，a[1][1]，a[1][2]，a[1][3] \\ a[2] \rightarrow a[2][0]，a[2][1]，a[2][2]，a[2][3] \end{cases}$$

图 4.3　二维数组

（3）编译程序将开辟 3×4=12 个连续存储单元，按行连续存放数组 a 的 12 个元素。存储方式如图 4.4 所示。数组名 a 代表数组 a 的首地址。

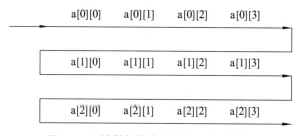

图 4.4　二维数组在存储器中的存储顺序

2. 二维数组的初始化

二维数组初始化和一维数组初始化的方法基本相同，也可以在定义时赋以初值。

格式：

类型说明符　二维数组名[下标][下标]={{常量列表}，…}；

功能：定义二维数组，并给每个数组元素赋以初值，常用方式有以下几种：

（1）分行给所有元素赋值。例如：

int a[2][3]={{1,2,3},{4,5,6}}；

在大括号内部套用大括号，将各行分开。内层第一对大括号中的初值 1，2，3 是第 0 行的 3 个元素。第二对大括号中的初值 4，5，6 是第 1 行的 3 个元素。

（2）不分行给二维数组所有元素赋以初值，即所有元素的初值写在同一对大括号内。例如：

```
int a[2][3]={1,2,3,4,5,6};
```

（3）如果只对每行的前几个元素赋初值，则所有未赋初值的元素默认为 0（整型数组是 0，实型数组是 0.0，字符型数组是'\0'），例如：

```
int a[2][3]={{1},{4,5}};
```

结果：

```
a[0][0]=1,a[0][1]=0,a[0][2]=0,
a[1][0]=4,a[1][1]=5,a[1][2]=0,
```

（4）如果只对前几行的前几个元素赋初值，则所有未赋初值的数组元素默认为 0。
例如：

```
int a[3][4]={{1,2,3},{4,5}};
```

结果：

```
a[0][0]=1,a[0][1]=2,a[0][2]=3,a[0][3]=0,
a[1][0]=4,a[1][1]=5,a[1][2]=0,a[1][3]=0,
a[2][0]=0,a[2][1]=0,a[2][2]=0,a[2][3]=0,
```

（5）如果对二维数组的全部元素赋初值，可省略第一维的定义，但不能省略第二维的定义。例如：

```
int a[][4]={1,2,3,4,5,6,7,8,9,10,11,12};
```

（6）如果只对部分数组元素赋初值，又省略了第一维的定义，那么应分行赋初值，即使某行没有初值，也要保留该行的一对大括号。例如：

```
int a[ ][4]={{1,3},{ },{5,6,7},{8,9,10,11}};
```

编译时系统将自动确定数组 a 为 4 行 4 列。

4.2.2 二维数组元素的引用

和一维数组一样，二维数组的引用也是通过数组元素引用的，格式如下：

数组名[行下标][列下标]

说明：

（1）下标可以是整型常量或整型表达式，譬如 a[2][3] 和 a[3-1][2*2-1]。

（2）对基本数据类型的变量所能进行的各种操作，也适合于同类型的二维数组元素。譬如以下语句都是正确的：

```
int a[2][3],b[3][4];
char c[3][3]; a[1][1]=10; c[1][1]= 'h';
```

（3）在使用数组元素时，应该注意下标值必须在定义的数组大小的范围内。例如：

```
int a[3][4];                 //表示定义 3×4 数组 a
a[3][4]=3;                   //表示引用数组 a 中的元素
```

4.2.3 二维数组程序设计实例

【例 4.3】从键盘上输入一个 2×3 的矩阵，将其转置后形成 3×2 矩阵输出。

原矩阵：$a[2\times3]=\begin{vmatrix}1 & 2 & 3\\4 & 5 & 6\end{vmatrix}$　　　转置矩阵：$b[3\times2]=\begin{vmatrix}1 & 4\\2 & 5\\3 & 6\end{vmatrix}$

算法分析：矩阵 a 为 2 行 3 列的二维数组，矩阵 b 为 3 行 2 列的二维数组。外层循环控制矩阵 a 的行，循环 2 次,控制变量为 i；内层循环控制列，循环 3 次，控制变量为 j。循环体中将 a[i][j]存入 b[j][i]中。程序如下：

```c
#include<stdio.h>
int main()
{
    int a[2][3],b[3][2],i,j;
    printf("输入数组 a:\n");
    for(i=0;i<2;i++)
    {
        for(j=0;j<3;j++)
            scanf("%d",&a[i][j]);          //输入二维数组
    }
    for(i=0;i<3;i++ )                       //数组 a 转置存入数组 b
    {
        for(j=0;j<2;j++)
            b[i][j]=a[j][i];
    }
    printf("\n 转置矩阵 b:\n");             //输出转置后的矩阵 b
    for(i=0;i<3;i++ )
    {
        for(j=0;j<2;j++)
            printf("%5d",b[i][j]);
        printf("\n");
    }
    return 0;
}
```

程序运行结果如图 4.5 所示。

图 4.5　程序运行结果

【例 4.4】求一个 3×3 矩阵对角线元素之和。程序如下：

```c
#include<stdio.h>
int main()
{int a[3][3],sum=0;                        //定义二维数组
int i,j;
printf("enter data:\n");
for(i=0;i<3;i++)
   for(j=0;j<3;j++)
     scanf("%d",&a[i][j]);                 //输入数组元素
for(i=0;i<3;i++)
   sum=sum+a[i][i];                        //求对角线元素之和
printf("sum=%4d\n",sum);
return 0;
}
```

程序运行结果如图 4.6 所示。

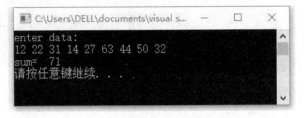

图 4.6　程序运行结果

【例 4.5】设有一个 3×4 的数组，找出其中最大元素以及它所在的行和列。程序如下：

```c
#include<stdio.h>
int main()
{
    int i,k,row=0,colum=0,max;
    int a[3][4]={{5,2,1,4},{10,12,6,5},{0,7,-2,3}};
    max=a[0][0];
    for(i=0;i<=2;i++)
        for(k=0;k<=3;k++)
            if(max<a[i][k])
            {max=a[i][k];
            row=i;
            colum=k;
            }
    printf("max=%d,row=%d,colum=%d\n",max,row,colum);
    return 0;
}
```

程序运行结果如图 4.7 所示。

图 4.7　程序运行结果

4.3　字符数组与字符串

在数组中，若每个数组元素存放的不是数值数据而是字符，那么这个数组就称为字符数组。或者说，用来存放字符数据的数组称为字符数组。字符数组有一维，也有多维，应用较多的是一维。

4.3.1　字符数组与字符串

1. 字符数组

字符数组用来存放字符型数据，每个数组元素存放一个字符。在 C 语言没有字符串变量，若要表示一个字符串时，可用字符数组来实现。字符数组的定义、初始化和引用与其他数组类似。

（1）一维字符数组的定义。

格式：

char　数组名[常量表达式];

功能：定义一个一维字符数组，其中常量表达式的值就是字符数组元素的个数。

例如.

char c[10];　　　　　　　　　　　　//定义字符数组 c,有 10 个元素

每个元素可以存放一个字符，例如：

c[0]= 'I';　　　c[1]= ' ';　　　c[2]= 'a';　　c[3]= 'm';　　c[4]= ' ';
c[5]= 'h';　　　c[6]= 'a';　　　c[7]= 'p';　　c[8]= 'p';　　c[9]= 'y';

赋值后数组在存储器中的状态如图 4.8 所示。

c[0]	c[1]	c[2]	c[3]	c[4]	c[5]	c[6]	c[7]	c[8]	c[9]
I		a	m		h	a	p	p	y

图 4.8　字符数组存储状态

字符数组与整型数据（ASCII 码）可以通用，因此也可以定义一个整型数组用来存放字符数据，例如：

int c[2];
c[0]= 'a';

c[1]= 'b';

（2）二维字符数组的定义。

格式：

char 数组名[常量表达式 1][常量表达式 2];

功能：定义一个二维字符数组，常量表达式 1×常量表达式 2 的值就是字符数组元素的个数。

例如：

char c[3][5];

该语句定义了一个数组名为 c 的二维字符数组，该数组有 3 行 5 列共 15 个元素，每个元素可存储一个字符，例如：

c[0][0]='B'; c[0][1]='e'; c[0][2]='i'; c[0][3]=' '; c[0][4]=' ';

c[1][0]='J'; c[1][1]='i'; c[1][2]='n'; c[1][3]='g'; c[1][4]=' ';

c[2][0]='C'; c[2][1]='h'; c[2][2]='i'; c[2][3]='n'; c[2][4]='a';

则该数组中存放了字符串"Bei Jing China"。

2. 字符数组的初始化

字符型数组初始化的方法与数值型数组初始化的方法类似。

（1）一维字符数组初始化。

类型说明符 数组名[常量表达式]={常量表达式表};

（2）二维字符数组初始化。

类型说明符 数组名[常量表达式 1] [常量表达式 2]={常量表达式表};

例如：

char c[10]={ 'c',' ','p','r','d','o','g','r','a','\0'};

说明：① 若大括号中的初值多于数组的长度时，按语法错误处理。

② 若大括号中的初值少于数组的长度时，剩余元素自动定义为空字符'\0'。

例如：

char   c[10]={ 'A','B','C','D'};

初始化状态如图 4.9 所示。

c[0]	c[1]	c[2]	c[3]	c[4]	c[5]	c[6]	c[7]	c[8]	c[9]
A	B	C	D	\0	\0	\0	\0	\0	\0

图 4.9　字符数组初始化状态

③ 如果字符数组的元素个数与初值相同，可在定义时省略数组长度。

例如：

char c[]={'a','b','c','d','e','f','g','h','l','i','j','k'};

字符数组 c 的长度自动定义为 12。

④ 也可以定义和初始化二维字符数组，方法与定义二维整型数据数组相同。

3. 字符数组的引用

字符数组引用的方法与数值数组相同，格式如下：

一维字符数组：

数组名[下标]

二维字符数组：

数组名[下标 1][下标 2]

【例 4.6】在计算机屏幕上显示"for(i=0；i<9；i++)"。

```
#include <stdio.h>
int main()
{
    char c[20]={'f','o','r','(','i','=','0',';','i','<',
                '9',';','i','+','+',')'};
    int i;
    for(i=0;i<20;i++)
        printf("%c",c[i]);        //一维数组引用
    printf("\n");
    return 0;
}
```

程序运行结果如图 4.10 所示。

图 4.10   程序执行结果

【例 4.7】利用二维字符数组输出一个钻石图形。

```
#include <stdio.h>
int main()
{ char diamond[][5]={{' ',' ','*'},
                {' ','*',' ','*'},{'*',' ',' ',' ','*'},
                {' ','*',' ',' ','*'},{' ',' ','*'}};
    int i,j;
    for (i=0;i<5;i++)
      {for (j=0;j<5;j++)
            printf("%c",diamond[i][j]);
        printf("\n");
      }
    return 0;
}
```

程序运行结果如图 4.11 所示。

图 4.11 程序运行结果

4. 字符串

（1）字符串：是用双引号括起来的字符序列，也称为字符串常量。有效字符包括字母、数字、专用字符和转义字符等。例如，"I am a boy","No32","a+b","%d\n"。

（2）字符串结束标志：在 C 语言中，约定'\0'作为字符串的结束标志，占用一个内存单元，不计入字符串长度，即字符串在内存中所占的字节数=字符串的长度+1。在处理字符数组的过程中，遇到字符'\0'，表示字符串结束。例如，字符串"I am happy"在内存中的存储形式如图 4.12 所示。

c[0]	c[1]	c[2]	c[3]	c[4]	c[5]	c[6]	c[7]	c[8]	c[9]	c[10]
I		a	m		h	a	p	p	y	\0

图 4.12 字符数组存储状态

（3）用字符串常量给字符数组赋初值：C 语言允许用字符串常量对字符数组初始化，即赋值。例如：

```
char str[]={"How are you? "};
char str[]="How are you? ";                              //省去大括号
```

字符数组 str 有 12 个元素，在存储时占用 13 个单元，最后一个存放结束标志'\0'。C 语言并不要求所有的字符数组的末尾必须有一个结束'\0'，为了处理方便，最好用'\0'表示结束。

5. 字符串输入/输出

（1）逐个字符输入或输出：用格式符"%c"输入/输出字符。

```
scanf("%c"，&数组[下标]);
printf("%c"，数组[下标]);
```

例如：输入并显示字符串"Liu Xiang"。

```
#include<stdio.h>
int main()
{
char name[10];
```

82

```
int i;
for(i=0；i<9；i++)
    scanf("%c"，&name[i]);                    //输入字符串存入数组 name
printf("\n");
for(i=0；i<9；i++)
    {printf("%c", name[i]);}                 //输出 name 数组中的字符串
return 0;
}
```

程序运行结果：

```
Liu Xiang✓
Liu Xiang
```

（2）将整个字符串一次全部或部分输入/输出：用格式符"%s"输出字符串。

```
scanf("%s"，数组名);                          /输入字符串
printf("%s"，数组名);                         //输出字符串
printf("%s"，&数组名[下标]);
                                             //输出数组名[下标]开始到遇见第一个
                                              '\0'之间的部分字符串
```

例如：从键盘上输入一个字符串，并显示在屏幕上。

```
#include<stdio.h>
int main()
{
char name[20];
scanf("%s"，name);
printf("%s"，name);
printf("\n");
return 0;
}
```

程序运行结果：

```
LiuXiang✓
LiuXiang
```

6. 字符串输入/输出时的注意问题

（1）输出字符串内容中不包括结束标志符\0。

（2）对字符数组按字符逐个输入/输出时，要用格式符%c，且指明数组元素的下标。字符数组整个输入或输出时只需用格式符%s，譬如 printf("%s",数组名)。

（3）由于数组名是数组的起始地址，对字符数组输入时，只需写出数组名，不需要取地址运算符&，譬如：scanf("%s",数组名)。

（4）如果字符数组长度大于字符串实际长度，在按整个字符串输出时，遇'\0'时结束。

例如：

```
char str[13]=" Are \0you happy? ";
printf("%s",str);
```

程序运行结果：

Are

（5）如果一个字符数组中包含一个以上'\0'，则遇第一个'\0'时输出结束。

（6）如果利用一个 scanf 函数以格式符%s 输入多个字符串，则以空格分隔。例如：

```
char a[5],b2[5],c[5];
scanf("%s %s %s",a,b,c);
```

输入数据：

How are you?✓

在内存中数组 a、b、c 的状态如图 4.13 所示。

H	o	w	\0	
a	r	e	\0	
y	o	u	?	\0

图 4.13　存储状态

（7）用 printf 函数以格式符%s 输出字符串时，首先按字符数组名找到数组起始地址，然后从起始地址开始逐个输出其中的字符，直到遇上字符串结束符 '\0' 时为止。例如：

```
#include<stdio.h>
#include<string.h>              //包含字符串函数
int main()
{
    char str[6]="happy";         //定义一维数组，赋初值
    int i;
    printf("%s\n",str);          //输出一个一维数组
    for(i=0;i<6;i++)
    {
        printf("%s",&str[i]);
        printf("\n");
    }        //从输出项提供的地址开始，逐个输出其中的字符，遇到'\0'时结束
    return 0;
}
```

程序运行结果如图 4.14 所示。

图 4.14　程序运行结果

4.3.2　字符数组程序设计实例

【例 4.8】从键盘输入一串字符（不多于 40 个，以回车换行符作为输入结束）存入数组，将其中的大写字母改为小写，其他字符不变，然后倒序输出。

算法分析：用字符数组存放输入的字符，用依次循环输入单个字符并存入字符数组，同时统计字符数目存入变量 n。控制循环的条件是输入字符不是回车换行符。再依次循环处理字符数组中的字符（大写字母改为小写），然后倒序输出处理后的字符。程序如下：

```c
#include<stdio.h>
int main( )
{
    int n=0,i=0;
    char a[40];                     //定义字符数组
    do{
        scanf("%c",&a[n]);          //输入单个字符存入数组
        n++;
    }while(a[n-1]!='\n');           //输入字符不是'\n'则继续循环
    n=n-1;
    for(i=0;i<n;i++)
        if(a[i]>='A'&&a[i]<='Z')
            a[i]+=32;
    for(i=n-1;i>=0;i--)             //倒序输出字符
        printf("%c",a[i]);
    printf("\n");
        return 0;
}
```

程序运行结果如图 4.15 所示。

图 4.15　程序运行结果

【例 4.9】输入一行字符，统计有多少个单词。

算法分析：单词之间用空格分开，且只能是一个空格，因此用空格数来计算单词数。假设第一个字符是非空格符，其程序如下：

```c
#include<stdio.h>
int main()
{
    int i,word=0,count=1;
    char str[80];
    char c;
    gets(str);                      //字符串输入函数
    for(i=0;(c=str[i])!='\0';i++)   //从下标为 0 开始检索
        if(c==' ')
            count++;                //累计单词数
    printf("There are %d words in the line.\n",count);
    return 0;
}
```

程序运行结果如图 4.16 所示。

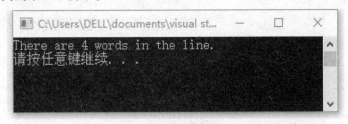

图 4.16　程序运行结果

如果单词之间有多于一个的空格符，或者第一个字符是空格符、最后一个字符后还有空格符时，程序应该如何考虑，怎么编写，请读者思考。

4.3.3　字符串处理函数

在 C 语言编译系统中有丰富的字符串处理函数，为用户使用提供了方便。若要使用字符串输入/输出函数，须将头文件 stdio.h 包含到源文件中，使用其他字符串函数时须包含头文件 string.h。

1．字符串输入函数 gets

格式：

gets(字符数组)

功能：从键盘输入一个字符串到字符数组，并且得到一个函数值，即返回字符数组的起始地址。字符串输入时，以回车键 Enter 结束。用 gets()读入的字符串中不包括换行符，而是在字符串最后加上了一个'\0'。例如：

char str[50];

gets(str);

键盘输入：Computer↙

将输入的字符串"Computer"送给字符数组 str。

2．字符串输出函数 puts

格式：

puts(字符数组)

功能：把字符数组中的字符串（以'\0'结束）输出到显示器。在输出时将'\0'转换为'\n'，且输出的字符串中可以包含转义字符，等价于 printf("%s\n",str)。例如：

char str[]={"shanghai\nbeijing"};

puts(str);

执行结果：

shanghai

beijing

注意：用 gets 和 puts 函数只能输入/输出一个字符串，不能写成：

puts（str1,str2）或 gets（str1,str2）

3．两个字符串连接函数 strcat

格式：

strcat(字符数组 1,字符数组 2)

功能：将字符数组 2 连接到字符数组 1 的后面，末尾加一个'\0'，结果存放在字符数组 1 中，并得到字符数组 1 的地址。例如：

char str1[20]= "Hello! ";

char str2[10]= "Everybody" ";

printf("%s", strcat(str1, str2));

输出结果：

Hello! Everybody

说明：

（1）字符数组 1 必须足够长，以便能容纳连接后的全部内容。

（2）连接前两个字符串末尾都要有结束符'\0'，连接后新字符串末尾保留一个'\0'。

4．字符串复制函数 strcpy

格式：

87

strcpy(字符数组 1,字符数组 2);

功能：将字符数组 2 的内容复制到字符数组 1 中。例如：

char str1[20],str2[]="IBM Computer! ";

strcpy(str1,str2);

printf("%s",str1);

执行结果：

IBM Computer!

说明：

（1）字符数组 str1 的长度必须足够大，以便容纳被复制的字符串 str2。

（2）字符数组 str1 必须写成数组名的形式，字符串 str2 可以是字符数组名字，也可以是字符串常量。例如：

strcpy(str1, "Chemistry");

（3）复制时连同'\0'一起复制。

（4）若希望将字符串或字符数组 str2 前面几个字符复制到字符数组 str1 中，strcpy 函数格式如下：

strcpy(字符数组名,字符串名,字符个数);

strcpy(字符数组名 1,字符数组名 2,字符个数);

例如：

strcpy(str1,str2,6);   //将 str2 前 6 个字符复制到 str1 中

5. 字符串比较函数 strcmp

格式：

strcmp (字符串 1,字符串 2)

功能：将两个字符串按 ASCII 码值比较，并返回比较结果。参与比较的两个字符串可以是数组名，也可以是字符串常量。比较时从左至右逐个进行，直到出现不同的字符或遇到'\0'为止。如全部字符相同，认为相等；若出现不相同的字符，则以第一个不相同的字符的比较结果为其结果。

（1）字符串 1=字符串 2，函数值为 0。

（2）字符串 1>字符串 2，函数值为一正整数。

（3）字符串 1<字符串 2，函数值为一负整数。

举例：

if(strcmp(str1,str2)==0) printf("yes");

6. 测定字符串长度函数 strlen

格式：

strlen(字符数组);

功能：测试字符串的长度，可以是字符数组名，也可以是字符串常量，返回字符串长度值，不包括'\0'。例如：

int main()

```
{
char str[10]={ "China"};
printf("%d",strlen(str));
return 0;
}
```
程序运行结果：

5

7. 大写转换小写函数 strlwr

格式：

strlwr(字符数组)

功能：将字符串常量或字符数组中的大写字母转换为小写字母。例如：

```
int main()
{
char str[10]= "BEIJING";
printf("%s",strlwr(str));
return 0;
}
```
程序运行结果：

beijing

8. 小写转换大写函数 strupr

格式：

strupr(字符数组)

功能：将字符串常量或字符数组中的小写字母转换为大写字母。例如：

```
int main()
{
char str[10]= "china";
printf("%s",strupr(str));
return 0;
}
```
程序运行结果：

CHINA

4.4 程序设计案例

【例 4.10】用数组处理 Fibonacci 数列问题。

算法分析：前面对此数列问题是用简单变量处理的，如果一次性处理输出所有数据就很困难，现在用数组来处理就简单多了。每个数组元素代表数列中的一个数，依次求出各数并存放在相应的数组元素中即可。程序代码如下：

```
#include <stdio.h>
int main()
{   int i;
    int f[20]={1,1};
    for(i=2;i<20;i++)
        f[i]=f[i-2]+f[i-1];
    for(i=0;i<20;i++)
    {   if(i%5==0) printf("\n");
        printf("%12d",f[i]);
    }
    printf("\n");
    return 0;
}
```

程序运行结果如图 4.17 所示。

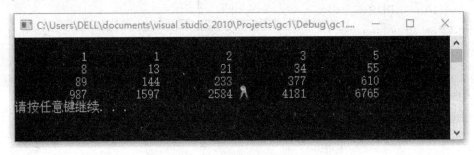

图 4.17　程序运行结果

【例 4.11】 将一个 4×4 的数组进行逆时针旋转 90°后输出，要求原始数组的数据随机输入，新数组以 4 行 4 列的方式输出。程序代码如下：

```
#include<stdio.h>
int main()
{int    a[4][4],b[4][4],i,j;      //a存放原始数组数据，b存放旋转后数组数据
 printf("input 16 numbers: ");
                    //输入一组数据存放到数组a中，然后旋转存放到b数组中
 for(i=0;i<4;i++)
        for(j=0;j<4;j++)
        {   scanf("%d",&a[i][j]);
            b[3-j][i]=a[i][j];
        }
    printf("array b:\n");
    for(i=0;i<4;i++)
        {   for(j=0;j<4;j++)
            printf("%6d",b[i][j]);
```

```
            printf("\n");
    }
    return 0;
}
```

程序运行结果如图 4.18 所示。

图 4.18　程序运行结果

【例 4.12】设有 3 个学生的 4 门课成绩，求每个学生 4 门课程的总评成绩、3 个学生每门课程的平均成绩。

算法分析：设一个二维数组 a[3][4]存放 3 个学生的 4 门课成绩，设一个一维数组 ave1[3]存放 3 个学生 4 门课程的总评成绩，再设一个一维数组 ave2[4]存放 3 个学生每门课程的平均成绩。程序代码如下：

```
#include<stdio.h>
int main()
{
    int i,j,a[3][4]={{81,61,78,70},{85,82,90,80},{78,67,80,73}};
    float sum,ave1[3],ave2[4];
    for(i=0;i<3;i++)
    {
        sum=0.0;
        for(j=0;j<4;j++)
            sum+=a[i][j];
        ave1[i]=sum/4;              //求 3 个学生 4 门课程的总评成绩
    }
    for(i=0;i<4;i++)
    {
        sum=0.0;
        for(j=0;j<3;j++)
            sum+=a[j][i];
        ave2[i]=sum/3;              //求 3 个学生每门课程的平均成绩
    }
    printf("每个学生 4 门课程的总评成绩：\n");
```

```
    for(i=0;i<3;i++)
        printf("ave1[%d]=%.1f\n",i,ave1[i]);
    printf("3 个学生每门课程的平均成绩：\n");
    for(i=0;i<4;i++)
        printf("ave2[%d]=%.1f\n",i,ave2[i]);
    return 0;
}
```

程序运行结果如图 4.19 所示。

图 4.19　程序运行结果

【例 4.13】挑战节目主持人。一个人说出一个词，另一个人将该词倒过来说，看谁说得快又对。譬如一人说"呼和浩特"，另一人说"特浩和呼"。

算法分析：该问题的实质是字符串倒序输出。程序代码如下：

```
#include<stdio.h>
#include<string.h>
int main()
{
    char str[20],t;
    int i,len;
    gets(str);                          //输入字符串
    len=strlen(str);                    //取字符串长度
    for(i=0;i<len/2;i++)                //首尾交换
    {
        t=str[i];
        str[i]=str[len-1-i];
        str[len-1-i]=t;
    }
    puts(str);
    return 0;
}
```

程序运行结果如图 4.20 所示。

图 4.20　程序运行结果

【例 4.14】联合国排名是以国家名的英文字母排序，社会上也常以姓氏的汉语拼音字母排序。试编写程序，输入姓氏"zhang""wang""li""zhao""sun"，取其中最小的。

算法分析：该问题的实质是字符串比较，选取最小的。首先将字符串 1 放入字符数组 min 中，与字符串 2 比较，如果字符串 2<min，则将字符串 2 放入 min 中。就这样，用字符数组 min 依次与新输入的字符串比较，直到输入字符串为空时为止。

```c
#include<stdio.h>
#include<string.h>
int main()
{
    char s1[20],min[20];
    int i;
    printf("Input string:\n");
    gets(s1);
    strcpy(min,s1);
    gets(s1);
    do{
        if(strcmp(min,s1)>0)              //字符串比较
            strcpy(min,s1),              //取最小字符串
        gets(s1);
    }while(strcmp(s1," "));              //以空串作为输入结束标志
    printf("the smallest string is: %s\n",min);
    return 0;
}
```

程序运行结果如图 4.21 所示。

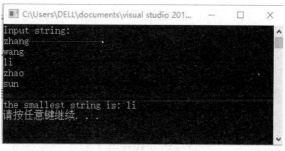

图 4.21　程序运行结果

4.5 本章小结

本章主要知识框架如图 4.22 所示，具体的知识点，建议读者进行更详细的补充和完善。

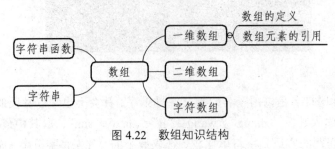

图 4.22 数组知识结构

实训 4 数组的应用

一、实训目的

1. 学习一维数组、二维数组和字符数组的使用。

2. 掌握数组程序设计的思路和方法。

二、实训环境

同实训 1。

三、实训内容

1. 定义一个一维数组并初始化，分别正序和逆序输出数组中各元素的值。

2. 从键盘输入 10 个学生成绩，并将其显示出来。

提示：用一个单精度长度为 10 的一维数组存放 10 个学生的成绩，然后依次输出。

3. 输入 4 名学生 3 门课程的成绩，计算每位学生的平均分，打印出成绩表；再计算每门课程的平均分。

提示：将每位学生的信息看成一行，4 名学生有 3 行，3 门课程可以看成 3 列，加上平均分数；因此可定义 4 行 4 列的数组存放学生的成绩；i 代表学号，j 代表课程和平均分数。

4. 输出多个字符串中最大的字符串。

提示：按照字符串比较，选择最大者。将字符串 1 放入数组 max 中，然后与字符串 2 比较，如果字符串 2 > max，则将字符串 2 放入数组 max 中，依次与输入的字符串比较，直到输入的字符串为空时为止。

习题 4

一、填空题

1. 执行语句"static int b[8],a[][4]={1,2,3,4,5,6,7,8};"后，b[5]=_____，a[1][3]=_____。

2. 若在程序中用到 putchar 函数时，应在程序开头写上包含命令_____，若在程序中用到 strcpy()函数时，应在程序开头写上包含命令_____。

3. 若有语句 "a[10]={9,4,12,8,2,10,7,5,1,3};"，则 a[a[9]]的值为_____，a[a[1]]+a[8] 的值为_____。

4. 有如下字符型数组赋初值的语句：

char str[ ]=" I am a student ";

请写出与之完全等价的逐个字符给 str 赋初值的方法_____。

5. 定义变量和数组 "int i; int x[3][3]={1,2,3,4,5,6,7,8,9};"，则下列语句的输出结果为_____。

```
for (i=0;i<3;i++)
printf("%d\n", x[i][2-i]);
```

二、选择题

1. 对定义 int a[2]; 的正确描述是（   ）。

  A. 定义一维数组 a，包含 a[1]和 a[2]两个元素

  B. 定义一维数组 a，包含 a[0]和 a[1]两个元素

  C. 定义一维数组 a，包含 a[0]、a[1]和 a[2]三个元素

  D. 定义一维数组 a，包含 a（1）、a（2）和 a（3）三个元素

2. 下列数据定义语句中，正确的是（   ）。

  A. char a[3][]={'abc','1'};   B. char a[][3]= {'abc','1'};

  C. char a[3][]= {'a',"1"};   D. char a[][3]= {"abc","1"};

3. 若有以下说明，则数值为 5 的表达式是（   ）。

  int a[12]={1,2,3,4,5,6,7,8,9,10,11,12}

  char c='a',d,g;

  A. a[g-c]   B. a[5]   C. a['d'-'c']   D. a['e'-c]

4. 设有定义:char s[12]={"string"};，则 printf("%d\n",strlen(s)); 的输出是（   ）。

  A. 6   B. 7   C. 9   D. 10

5. 合法的数组定义是（   ）。

  A. int a[ ]={"program"};   B. int a[4]={0,1,2,3,4};

  C. char a={"program"};   D. char a[ ]={0,1,2,3,4};

6. printf("%d\n",strlen("ABCD\no12\1\\"));的输出结果是(   )。

  A. 10   B. 11   C. 9   D. 8

7. 函数调用 strcat(strcpy(str1,str2),str3)的功能是(   )。

  A. 将字符串 str1 复制到字符串 str2 中后再连接到字符串 str3 之后

  B. 将字符串 str1 连接到字符串 str2 中后再复制到字符串 str3 之后

  C. 将字符串 str2 复制到字符串 str1 中后再将字符串 str3 连接到字符串 str1 之后

  D. 将字符串 str2 连接到字符串 str1 之后再将字符串 str1 复制到字符串 str3 中

8. 设有如下定义，则正确的叙述为(   )。

char x []={"abcdef"};

char y[]={'a', 'b', 'c', 'd', 'e', 'f'};

  A. 数组 x 和数组 y 等价   B. 数组 x 和数组 y 的长度相同

95

C. 数组 x 的长度大于数组 y 的长度   D. 数组 x 的长度小于数组 y 的长度

三、阅读填空题

1. 给出下列程序的执行结果_____。

```
#include <stdio.h>
int main()
    {char    a[6]={ '*','*','*','*','*'};
    int i,j,k;
    for(i=1;i<=5;i++)
        {puts(a);
        printf("\n");
        for(j=1;j<=i;j++)
        printf(" ");
        }
    return 0;
    }
```

2. 下面程序运行后的输出结果为_____。

```
#include<string.h>
int main()
{int    i,j;
char t , str[ ]= "ABCDEFG";
for(i=0,j=strlen(str)-1;i<j;i++,j--)
        { t=str[i];str[i]=str[j];str[j]=t;}
printf("%s\n",str);
return 0;
}
```

3. 下面程序的功能是输出数组中最小元素的下标，请填空。

```
int main()
{int k,p;
int s[ ]={3,-2,7,-5,8,1,9};
for(k=0,p=k;k<7;k++)
        if(s[k]<s[p]) _____;
printf("%d\n", p);
return 0;
}
```

四、编程题

1. 编程输入实型一维数组 a[10]，计算并输出 a 中所有元素的平均值。

2. 编程输入 20 个数，按从大到小排序并输出排序后的结果。

3. 编程输入一个 3×5 的整数矩阵，输出其中最大值、最小值以及它们的下标。

4. 编程输入一个字符串，将其中的大写英文字母+3，小写英文字母-3，然后再输出加密后的字符串。

5. 编程输入一个字符串，将其中所有大写英文字母改为小写英文字母，所有小写英文字母改为大写英文字母，然后输出。

6. 编程输出以下杨辉三角形（要求显示出 10 行）。

```
1
1   1
1   2   1
1   3   3   1
1   4   6   4   1
1   5   10  10  5   1
:   :   :   :   :   :
```

第5章 函 数

函数是实现模块化程序设计的工具，C语言源程序是由函数组成的。函数是C语言源程序的基本模块，通过对函数模块的调用实现特定的功能。C语言不仅提供了极为丰富的库函数，还允许用户建立自己定义的函数。用户可把自己的算法编成一个个相对独立的函数模块，然后通过调用方法来使用函数。本章着重介绍C语言中函数的定义及调用方法、函数的声明、函数的嵌套及递归、变量的生存期和作用域。

【学习目标】
- 理解C语言中函数的概念及重要作用
- 熟练掌握C程序中函数的定义、声明、调用、返回的实现方法
- 熟悉C程序中函数之间的数据传递
- 理解变量的存储属性
- 掌握函数的递归调用及应用
- 了解库函数

5.1 函数基础

5.1.1 案例引入

案例描述：利用函数编写一个简单的四则运算计算器C程序，其中，加减乘除分别用不同类型的函数实现，通过主函数调用不同的函数，实现简单的加减乘除计算功能。

参考程序：

```c
#include<stdio.h>
float add(float x, float y) {
    return x + y;
}
float sub() {
    float x, y;
    printf("请按顺序输入被减数和减数");
    scanf("%f%f", &x, &y);
    return x - y;
}
```

```c
void mult(float x, float y) {
    printf("%f * %f = %f\n", x, y, x * y);
}
void divis() {
    float x, y;
    printf("请按顺序输入被除数和除数");
    scanf("%f%f", &x, &y);
    printf("%f / %f = %f\n", x, y, x / y);
}
void main() {
    float x, y;
    char c;
    printf("请输入运算符\n");
    scanf("%c", &c);
    switch (c) {
    case('+'): printf("请按顺序输入被加数和加数\n");
        scanf("%f%f", &x, &y);
        printf("%f + %f = %f\n", x, y, add(x, y));
        break;
    case('-') : printf("%f - %f = %f\n", x, y, sub()); break;
    case('*'): printf("请按顺序输入被乘数和乘数\n");
        scanf("%f%f", &x, &y);
        mult(x, y);
        break;
    case('/') : divis();
    default: printf("运算符输入有误! \n");
    }
}
```

5.1.2　函数概述

在 C 语言中，具有一定功能、相对独立的程序段（也称为模块）称为函数。函数可以有返回值，也可以没有。一般高级语言中的子程序或者过程在 C 语言中是通过函数来实现的。一个 C 语言程序往往由多个函数组成，其中一个名为 main()，称为主函数，其余是被主函数 main()或其他函数调用的函数。无论主函数 main()位于程序中的什么位置，程序执行时总是从 main()开始。

一个使用 C 语言开发的软件往往由许多功能组成，从软件的结构上看，各个功能模块彼此有一定的联系，功能上各自独立；从开发过程上看，不同的模块可能由不同的程序员开发。怎样将不同的功能模块连接在一起成为一个程序，怎样保证不同的开发者的工作既不重复，又能彼此衔接，这就需要对软件进行模块化设计。

模块化设计是将一个大的程序自上向下进行功能分解，分成若干个子模块，每个模块对应了一个功能，完成相对独立的任务。各个模块可以分别由不同的人员编写和调试，最后，将不同的模块组装成一个完整的程序。C 语言支持这种模块化软件开发方式，采用函数即可实现各个功能模块，程序的功能可以通过函数之间的调用实现。

C 语言程序的一般结构如图 5.1 所示。它具有以下特点：

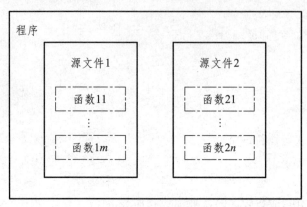

图 5.1 C 程序中的函数

（1）C 语言允许一个程序由多个源文件组成，每个源文件可以独立编译，一个源文件可以被不同的程序使用。

（2）一个源文件可以由多个函数组成，函数是程序的最基本的功能单位，一个函数可以被不同源文件中的函数调用。

（3）一个 C 程序有且仅有一个主函数 main，主函数可以放在任何一个源文件中，程序总是从主函数开始执行。

（4）通过编译器可以将属于同一程序的不同源文件组装成一个完整的可执行程序。

5.1.3 函数的分类

C 语言是由函数组成的，程序员可以调用系统定义好的函数，也可以根据需要自己定义函数。

（1）从函数的定义来看，可以分为标准函数和自定义函数两种。

① 标准函数：也称库函数，是由系统提供的，用户可以直接使用。例如：每个程序必须有的 main()函数，格式输出函数 printf()，格式输入函数 scanf()，以及数学函数 sin()、cos()、fabs()和 sqr()等。不同的编译系统提供的库函数的名称和功能可能会有所区别。

② 自定义函数：是指用户根据程序需要，遵循 C 语言的语法规定，自己编写的函数，用来实现特定的功能。对于用户自定义函数，不仅要在程序中定义函数本身，还需要在主调函数中对其进行声明，然后才可以使用。

（2）根据函数的调用关系，可以把函数分为主调函数和被调函数两种。

① 主调函数：是指调用其他函数的函数。所有的函数都可以作为主调函数来使用。

② 被调函数：是被其他函数调用的函数。除了 main()函数外，其他函数都可以被主调函

数调用，甚至函数本身也可以调用自己。

（3）从函数的形式看，函数分为无参函数和有参函数两类。

①无参函数：在调用函数时，主调函数不需要复制数据到被调函数，一般用来执行特定的操作。

②有参函数：在调用函数时，主调函数和被调函数需要进行数据传递。有参数在调用函数时，在主调函数和被调函数之间有数据传递。主调函数通过参数的形式将数据传递给被调函数，通过被调函数处理该数据。

（4）从函数调用结果分类，函数又可以分为有返回值函数和无返回值函数。

①有返回值函数：被调函数执行完成后，如果需要给主调函数返回一个数据，就可以通过 return 方法，将结果数据传递给主调函数，这样的函数就是有返回值的函数。

②无返回值函数：如果被调函数不需要给主调函数返回任何数据，就是无返回值函数。

5.1.4 函数的作用

在 C 语言程序设计过程中，可以把特定的功能集中由函数来完成。函数完成固定的规划好的功能，在程序编写中如果需要使用这样的功能就可以通过调用这个函数来实现。不管这个函数实现的功能有多复杂，调用它只需要很少的语句，而且调用形式是固定不变的。

在程序设计中，使用函数具有以下好处：

（1）使程序变得更简短而清晰。

（2）有利于程序维护。

（3）可以提高程序开发的效率。

（4）提高了代码的重用性。

使用函数，给 C 语言编程带来很大的方便，但在使用的同时，还需要考虑运行环境的缓存，因为函数间参数的传递需要开辟缓存、堆栈等，相比较而言，会耗费一些多余的时间。

5.1.5 函数的特点

C 语言中，函数具有以下特点：

（1）每个函数有唯一的名字（譬如 max），利用名字，可转去执行该函数所包括的语句，称为函数调用。一个函数能被另一个函数调用，但是 main()函数不能被其他函数调用。

（2）函数定义是独立的、封闭的，完成特定的功能。定义过程不受程序其他部分的干预，也不干预其他部分。

（3）函数能有选择地给调用程序返回一个值，也有没有返回值的函数。

5.2 函数的定义、调用及声明

对于一个 C 程序而言，它所有的命令都包含在函数内。每个函数都会执行特定的任务。对于自定义函数来说，必须先定义后调用。在 C 语言中，定义函数必须遵循一定的格式。

5.2.1 函数的定义

1. 案例引入

函数要先定义，然后才能使用。定义就是对函数所要完成的功能（或者操作）进行描述的过程。包括函数名的命名和类型说明、形式参数的类型说明、变量定义和语句。

【例 5.1】下面举例说明主函数和自定义函数。

```
#include<stdio.h>
int main()
{
    int max(int x,int y);
    int a,b,c;
    scanf("%d,%d",&a,&b);                //输入 a,b 的值
    c=max(a,b);                          //调用 max 函数
    printf("max=%d",c);                  //输出 c 的值
    return 0;
}


int max(int x,int y)                     //定义 max 函数
{
    int z;
    if(x>y) z=x;
    else    z=y;
    return(z);                           //将 z 的值返回
}
```

上例包含了两个函数，即主函数 main()和用户定义函数 max()，主函数 main()可以位于程序中的任意位置。函数的定义是平行的，彼此相互独立，不能嵌套定义。

2. 函数的定义

函数定义通常包括以下内容：

```
类型标识符  函数名(形式参数列表)               //函数头部
{
    说明部分;                               //函数体
    可执行语句部分;
}
```

函数定义由函数头部和函数体两部分组成。函数头部是指定义一个函数时的第一行，包括函数类型标识符、函数名和由"( )"括起来的参数列表。大括号{}内称为函数体，语法上是一个复合语句。

说明：

（1）类型标识符：也是函数类型，是指函数被调用执行后返回给主调函数的数据类型。

函数返回值不能是数组，也不能是函数，除此之外任何合法的数据类型都可以是函数的类型。函数的类型可以省略，默认为整型数据类型。不返回函数值的函数，可以定义为"空类型"，类型说明符为"void"，也可以将"void"关键字省略。函数的类型和函数返回值的类型应保持一致。如果两者不一致，则以函数类型为准，自动进行类型转换。

（2）函数名：是用户自定义的标识符，也是 C 语言函数定义中唯一不可缺省的部分，代表该函数的入口地址，应符合 C 语言标识符命名规定。

（3）形式参数列表：简称为形参，是用逗号分隔的一组变量说明，包括形参的类型说明和形参标识符。形参可以是任何类型的变量，只有函数被调用时才逐个接收来自主调函数的数据，确定各参数的值。

（4）有参函数比无参函数多了一个参数表。调用有参函数时，调用函数将赋予这些参数实际的值。

【例 5.2】以两个数求和为例，说明函数的定义。

```
float sum(float x，float y)                    //头部，定义 sum 函数
{
  float z;                                     //定义内部浮点型变量 z
  z=x+y;
  return(z);                                   //函数 sum 结果返回
}
```

以上函数是通用函数的定义，在实际运用中，还可以定义无参函数和有参函数、无返回值函数和有返回值函数，甚至有无参数和有无返回值交叉定义。此外，C 语言中还允许有"空函数"，其形式如下：

```
类型说明符 函数名（ ）
        {       }
```

空函数是程序设计的一个技巧，在一个软件开发的过程中，模块化设计允许将程序分解为不同的模块，由不同的开发人员设计，也许某些模块暂时空缺，留待后续的开发工作完成，为了保证整体软件结构的完整性，将其定义为空函数，作为一个接口，为其完善时只需加入函数体的语句即可。

5.2.2　函数的调用

在 C 语言程序中，是通过对函数的调用来执行函数体，其过程与子程序调用相似。在调用函数时，大多数情况下主调函数和被调函数之间有数据传递。函数调用的一般格式：

```
函数名(实参1，实参2，…，实参n)
```

括号里面是实参表，实参可以是常量、变量或表达式。有多个实参时，实参之间用逗号隔开。实参和形参应在数目、次序和类型上一致。对于无参数的函数，调用时实参表为空，但（ ）不能省。

【例 5.3】函数调用举例。

```
#include<stdio.h>
int main()
```

```
{
int max1(int x,int y);
int a,b,c;
scanf("%d%d",&a,&b);
c=max1(a,b);
printf("Max is %d\n",c);
return 0;
}


 int max1(int x,int y)
{
 int z;
 z=x>y?x:y;
 return(z);
}
```
程序运行结果如图5.2所示。

图 5.2   程序运行结果

函数调用在程序中起一个表达式或者语句的作用。基本格式：

函数名(实际参数表)

实际参数表中的参数可以是常数、变量或表达式。无参函数调用时，无实际参数表。

在调用函数时，有 3 种不同的方式。

（1）函数表达式：函数作为表达式的一项，出现在表达式中，以函数返回值参与表达式的运算，这种方式要求函数要有返回值。例如：z=max(x，y)是一个赋值表达式，把 max 的返回值赋予变量 z。

（2）函数语句：可进行某种操作而不返回函数值。这时，函数调用可作为一条独立的语句。例如，printf ("%d", a)；scanf ("%d", &b)。

（3）函数实参：函数作为另一个函数调用的实际参数使用，其返回值参与另一调用函数的运算。这就要求该函数必须是有返回值的。

例如：

getch();

getch 函数调用作为语句出现。

c= getchar();

getchar 函数调用作为表达式使用，即赋值表达式的右操作。

```
while(putchar(getchar())!='?');
```

getchar()函数作为 putchar()函数的实参出现在表达式中，putchar()函数调用作为关系表达式的左操作出现在表达式中。

说明：

（1）函数调用时，函数名必须与具有该功能的自定义函数名完全一致。

（2）实参在类型上按顺序与形参一一对应匹配。如果类型不匹配，C 编译程序将按赋值兼容的规则进行转换。如果实参和形参的类型不赋值兼容，通常不给出错误信息，程序继续执行，只是得不到正确的结果。

5.2.3 对被调函数的声明

1. 函数声明

函数声明是指在主调函数中调用某函数之前应对被调用函数进行声明，这与函数中对变量的声明是一样的。对被调函数声明的目的是使编译系统知道被调函数返回值的类型，以便在主调函数中按其类型对返回值进行处理。被调用函数声明格式：

```
类型说明符 被调函数名(类型 形参，类型 形参……);
或者
类型说明符 被调函数名(类型，类型……);
```

括号内给出形参的类型和形参名，后者只给出形参类型。这样，便于编译系统检错，以防止可能出现的错误。

例如，在 main()函数中对 max()函数的说明可写为：

```
int max(int a，int b);
或者
int max(int，int);
```

2. 可省略函数说明的情形

在以下情况下，可省去对被调函数的函数说明。

（1）如果被调函数的返回值是整型或字符型时，可以不对被调函数做说明，这时系统将自动对被调函数返回值按整型数据处理。

（2）当被调函数的函数定义在主调函数之前时，在主调函数中可以不对被调函数再做说明而直接调用。

（3）如果在所有函数定义之前，在函数外预先说明了各个函数的类型，则在以后的各主调函数中，可不再对被调函数做说明。

3. 函数原型

在对被调函数进行声明时，编译系统需要知道被调用函数有几个参数，各是什么类型，而参数的名字无关紧要，因此对被调函数的声明可以简化为：

```
函数类型 函数名(参数类型 1，参数类型 2，参数类型 3，……);
```

或者：

函数类型 函数名(参数类型1 参数名1,参数类型2 参数名2,参数类型3 参数名3,……);

这种方式称为函数的原型。括号内给出形参的类型和形参名,或者只给出形参类型。例如:

float fun(float, float);   //仅声明形参类型,不指出形参名字

5.2.4 函数间参数的传递

1. 实参到形参的数据传送

形参出现在函数定义中,只能在该函数体内使用。函数调用时,调用函数把实参的值传送给被调用函数的形参,在被调用函数执行时对实参进行处理。

【例5.4】求三个数的最大值。

```c
#include <stdio.h>
int main()
{
    int a,b,c,z1,z2;
    printf("input a:");
    scanf("%d",&a);
    printf("input b:");
    scanf("%d",&b);
    printf("input c:");
    scanf("%d",&c);
    z1=max1(a,b);
    z2=max1(z1,c);
    printf("%d %d %d 中最大值是%d\n",a,b,c,z2);
    return 0;
}
int max1(int a,int b)
{
    int c;
    if(a>b)    c=a;
    else       c=b;
    return (c);
}
```

程序运行结果如图5.3所示。

图5.3 程序运行结果

说明：

（1）定义函数时指定的形参变量在未出现函数调用时，并不占用内存的存储单元。只在函数调用时形参才被分配内存单元。调用结束后，形参所占内存单元被释放。

（2）在 C 语言中，实参变量对形参变量的数据传递是"值传送"，且单向传送，即出实参传送给形参，而不能相反传送。

（3）ANSI 新标准允许使用另一种方法对形参类型做说明，即在列出"形参表列"时，同时说明形参类型。譬如，int max(int x,int y)。

（4）一个函数可以被多次调用。

2. 函数返回值

通常希望通过函数调用得到一个确定的值，这就是函数的返回值。函数返回值通过函数中的 return 语句获取，返回主调函数。return 语句格式：

return 表达式；

或者

return (表达式);   //括号可以缺省

该语句的功能是计算表达式的值，返回给主调函数。在函数中允许有多个 return 语句，但每次调用只能有一个 return 语句被执行，因此只能返回一个函数值。

【例 5.5】编写函数，求累加和。

```
#include<stdio.h>
int s(int n)
{
int i;
for(i=n-1;i>=1;i--)
    n=n+1;
printf("**n-%d\n",n);
}
int main()
{
int n;
printf("input number:\n");
scanf("%d",&n);
s(n);
printf("***n=%d\n",n);
return 0;
}
```

程序运行结果如图 5.4 所示。

图 5.4　程序运行结果

说明：程序中实参与形参同名，但两者的作用范围不同，程序开始执行时，为主函数中的变量 n 分配存储空间，实参 n 在主函数 main() 中有效；主函数调用函数 s()，有效的是形参 n。调用结束，回到主函数继续执行，此时形参 n 的存储空间释放，主函数中作为实参的变量 n 继续有效。由此可得出以下结论：

（1）形参在被调函数中定义，实参在主调函数中定义。形参定义时编译系统并不为其分配存储空间，也无初值，只有函数调用时，临时分配存储空间，接收实参的值，函数调用结束，内存空间释放，值消失。

（2）程序的运行结果表明，当函数调用时，实参的值传送给形参，在被调函数内部，形参的变化不会影响实参的值。

5.2.5　数组名作为函数参数

除了变量作为函数的参数之外，数组是特殊变量的集合，也可以作为函数的参数。首先数组元素可以作为实参，其用法与变量完全相同。其次，数组名也可以作为实参和形参，函数调用时传送的是数组的地址。

1. 数组名作为函数参数

【例 5.6】设有一维数组 score，存放 10 个学生的成绩，求平均成绩。

```c
#include<stdio.h>
float average(float array[10])
{
int i;
float aver,sum=array[0];
for(i=1;i<10;i++)
    sum=sum+array[i];
aver=sum/10;
return(aver);
}
int    main()
{
float score[10],aver;
int i;
```

```
printf("input 10 scores:\n");
for(i=0;i<10;i++)
scanf("%f",&score[i]);
aver=average(score);
printf("average score is %5.2f",aver);
return 0;
}
```

程序运行结果如图 5.5 所示。

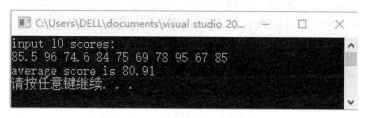

图 5.5　程序运行结果

说明：

（1）用数组名作函数参数，应该在主调函数和被调用函数分别定义数组，例中 array 是形参数组名，score 是实参数组名，分别在其所在函数中定义，不能只在一方定义。

（2）实参数组与形参数组类型应一致（譬如 float 型），如果不一致，将出错。

（3）在被调用函数中声明了形参数组的大小为 10，但实际上不起作用，因为 C 编译程序对形参数组的大小不做检查，只是将实参数组的首地址传送给形参数组。因此，score[n]和 array[n]实际上指的是同一单元。

（4）形参数组也可以不指定大小，只在定义数组时在数组名后面跟一个方括号。

为了被调用函数处理数组元素的需要，可以另设一个参数，传送数组元素的个数，如例题 5.7。

【例 5.7】给定一组数，计算其平均值。

```
#include<stdio.h>
float average(float array[],int n)
{
int i;
float aver,sum=array[0];
for(i=1;i<n;i++)
    sum=sum+array[i];
aver=sum/n;
return(aver);
}
int main()
{
float score1[5]={98.5,97,91.5,60,55};
```

```
float score2[10]={67.5,89.5,99,69.5,77,89.5,76.5,54,60,99.5};
printf("the average of class A is %6.2f\n",average(score1,5));
printf("the average of class B is %6.2f\n",average(score2,10));
return 0;
}
```

程序运行结果如图 5.6 所示。

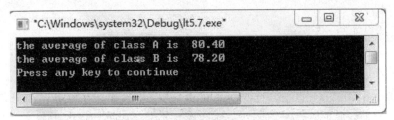

图 5.6   程序运行结果

可以看出，两次调用 average 函数时，实参数组元素个数是不同的，在第一次调用时实参 5 传送给形参 n；第 2 次调用时，实参 10 传送给形参 n。

【例 5.8】给一组数据中第 i 个位置插入数据 x。

```
#include <stdio.h>
int    insert(int a[50],int n,int i,int x)
{
    int j;
    for(j=n-1;j>=i;j--)
        a[j+1]=a[j];
    a[i]=x;
    n++;
    return (n);
}
int    main()
{
    int a[50],n,i,x;
    int j;
    printf("请输入数据元素总数:");
    scanf("%d",&n);
    for(j=0;j<n;j++)
    {printf("请输入第%d 个数据:",j+1);
        scanf("%d",&a[j]);}
    printf("请输入待插位置:\n");
    scanf("%d",&i);
    printf("请输入待插元素:\n");
    scanf("%d",&x);
```

```
n=insert(a,n,i,x);
for(j=0;j<n;j++)
    printf("%4d",a[j]);
printf("\n");
return 0;
}
```

程序运行结果如图 5.7 所示。

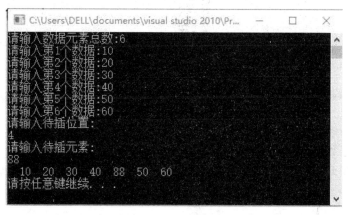

图 5.7　程序运行结果

2. 用多维数组名作为函数参数

也可以用多维数组名作为实参和形参，在被调用函数中对形参数组定义时可以指定每一维的大小，也可以省略第一维的大小说明。譬如 int array[3][10]和 int array[ ][10]，二者合法等价。但是不能省略第二维的大小说明。因为不说明列数，系统无法确定多少行多少列。下面写法是错误的：

```
int array[3][];
```

而形参数组第一维的大小可以是任意的，因为 C 编译程序不检查第一维的大小。

【例 5.9】有一个 3×4 的矩阵，求所有元素中的最大值。

算法分析：先使变量 max 的初值为矩阵中第一个元素的值，然后将矩阵中各个元素的值与 max 相比，每次比较后都把数值大的元素存入 max 中。全部元素比较完后，max 的值就是所有元素的最大值。程序如下：

```
#include<stdio.h>
max_value(int array[][4])
{
int i,j,max;
max=array[0][0];
for(i=0;i<3;i++)
for(j=0;j<4;j++)
    if(array[i][j]>max) max=array[i][j];
return(max);
```

```
}
 int main()
{int a[3][4]={{1,3,5,7},{2,4,6,8},{15,17,34,12} };
 printf("max value is %d\n",max_value(a));
 return 0;
}
```

程序运行结果如图 5.8 所示。

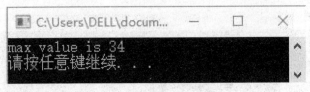

图 5.8   程序运行结果

用数组名作为函数参数时应注意以下几点：

（1）形参数组和实参数组的类型必须一致。

（2）形参数组和实参数组的长度可以不相同，因为在调用时只传送首地址而不检查形参数组的长度。当形参数组的长度与实参数组不一致时，虽不出现语法错误，但是执行结果将与实际不符，应予以注意。

5.3   函数的嵌套与递归调用

5.3.1   函数的嵌套调用

在 C 语言程序中，不允许函数嵌套定义，各函数平行，不存在上一级函数和下一级函数的问题。但是允许在一个函数的定义中出现对另一个函数的调用，即函数的嵌套调用。这与其他语言的子程序嵌套类似。其关系如图 5.9 所示。

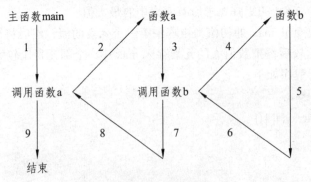

图 5.9   函数嵌套调用

与子程序嵌套类似，是在执行主函数 main()中调用函数 a()的语句时，转去执行函数 a()；在函数 a()中调用函数 b()时，转去执行函数 b()；在函数 b()执行完毕，返回函数 a()的继续执行；函数 a()执行完毕，返回主函数 main()。

112

【例 5.10】函数嵌套调用举例。

```c
#include<stdio.h>
fun2(int a,int b)
{int c;
c=a*b%3;
return c;
}


fun1(int a,int b)
{int c;
a+=a;
b+=b;
c=fun2(a,b);
return c*c;
}


int main()
{
int x=2,y=7;
printf("The result is：%d \n",fun1(x,y));
return 0;
}
```

程序运行结果如图 5.10 所示。

图 5.10　程序运行结果

例 5.10 中，主函数 main()调用函数 fun1()，实参 x、y 的值分别传送给函数 fun1()的形参 a 和 b，执行语句"a+=a；b+=b"之后，a 等于 4，b 等于 14，然后执行语句"c=fun2(a,b)"调用函数 fun2()。此时，函数 fun1()中实参 a、b 的值传送给函数 fun2()中对应的形参 a、b，进入函数 fun2()执行，返回值是 2，返回到函数 fun1()中的"c=fun2(a,b)"，接着继续执行语句"return c*c"，函数 fun1()返回值是 4，返回到主函数 main()中的 printf()函数，输出结果"The result is：4"。

【例 5.11】求圆柱体体积。

```c
float    f2(float r)                        //子函数 f2 完成求底面积功能
{
    return(3.14*r*r);
```

113

```
    }

float f1(float r,float h)                    //子函数 f1 完成求体积功能
{
    float v;
    v=f2(r)*h;
    return(v);
}

int    main()
{
    float r,h,v;
    printf("请输入半径:");
    scanf("%f",&r);
    printf("请输入高:");
    scanf("%f",&h);
    v=f1(r,h);
    printf("圆柱体的体积为%.2f\n",v);
    return    0;
}
```

程序运行结果如图 5.11 所示。

图 5.11   程序运行结果

【例 5.12】统计一批数据中大于平均值的数据总数。

```
int f3(int a[50],int n)                      //求和
{
    int s=0,i;
    for(i=0;i<n;i++)
        s=s+a[i];
    printf("和为：%d\n",s);
    return(s);
}
int f2(int a[50],int n)                      //求平均值
```

```
{
    int i,s,av;
    s=f3(a,n);                          //调用求和函数
    av=s/n;
    printf("平均数为%d\n",av);
    return(av);
}

int    f1(int a[50],int n)              //统计大于平均值的数据总数
{
    int av,i,m=0;
    av=f2(a,n);                         //调用求平均值函数
    for(i=0;i<n;i++)
        if(a[i]>av)    m++;
    return(m);
}

int    main()
{
    int a[50],n;
    int i;
    int m;
    printf("请输入数据总数:");
    scanf("%d",&n);
    printf("请输入%d 个数据:",n);
    for(i=0;i<n;i++)
        scanf("%d",&a[i]);
    m=f1(a,n);
    printf("大于平均值数据总数为%d\n",m);
    return 0;
}
```

程序运行结果如图 5.12 所示。

图 5.12   程序运行结果

115

5.3.2 递归函数

递归函数是指一个函数在它的函数体内，直接或间接地调用自己，也称为函数的递归调用。在递归调用中，调用函数又是被调用函数，执行递归函数将反复调用自己。每调用一次就进入新的一层。

为了防止递归调用无终止地进行，在函数内必须有终止递归调用的手段。常用的办法是加条件判断，当满足某种条件后就不再进行递归调用，而逐层返回。

递归是一种有效的程序设计方法。简单地说，就是自调用。递归算法就是包含有调用算法本身语句的算法。如果一个算法中含有直接或间接调用自己的过程，即为一个递归算法。而递归必须逐步有规律简化，最终有一个出口。不允许无穷递归调用。要解决递归问题，应该满足两个条件：

（1）函数直接或间接地调用它本身。

（2）应有使递归结束的条件。

【例 5.13】有 5 个学生坐在一起。

问第 5 个学生多少岁？他说比第 4 个学生大 2 岁。

问第 4 个学生岁数，他说比第 3 个学生大 2 岁。

问第 3 个学生，又说比第 2 个学生大 2 岁。

问第 2 个学生，说比第 1 个学生大 2 岁。

最后问第 1 个学生，他说是 10 岁。

请问第 5 个学生多大？

分析：

age(5)=age(4)+2

age(4)=age(3)+2

age(3)=age(2)+2

age(2)=age(1)+2

age(1)=10

可以用数学公式表述为：

当 $n=1$ 时，age(n)=10

当 $n>1$ 时，age(n)=age($n-1$)+2

程序如下：

```
int age(int n)
{
   int c;
   if(n==1)
       c=10;
   else
       c=age(n-1)+2;
return(c);
}
```

```
int    main()
{
    printf("%d\n",age(5));
return 0;
}
```

执行过程如图 5.13 所示。

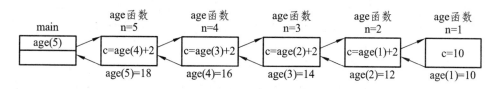

图 5.13 递归函数的执行过程

【例 5.14】用函数递归方法以字符串形式输出一个整数。

算法分析：将一个整数按字符串的形式输出，必须从这个整数的高位开始，如果这个整数为负数，则需要先输出一个负号。然后判断这个整数，如果它除以 10 的商的整数部分非零，则将商的整数部分再除以 10，直到商的整数部分为零，则开始从商的余数所对应的字符开始输出，直到将整个数输出。这一过程用 printf 函数的递归调用完成。程序如下：

```
#include<stdio.h>
void printd(int n)
{if (n<0)
    {putchar('—');
     n=-n;}
 if (n/10)   printd(n/10);              //递归调用，n/10==0 时，递归结束
 putchar(n%10+'0');                     //以字符输出
}

int main()
{
 int number;
 scanf("%d",& number) ;
 printd(number);
 return 0;
    }
```

一般情况下，当递归调用发生时，每次函数调用时的参数都与上次不同，且与上次调用的参数有关。在本题中，若输入的数为 123，在调用时 printd(123)，它将 12 作为实参，第二次调用 printd()；接着再将 1 作为实参，第三次调用 printd()；第三次调用 printd()将打印出 1，接着返回到第二次调用 printd()，这时将打印出 2，接着又返回到第一次调用 printd()，这时，

117

将打印出 3 并结束递归。

5.4 变量的作用域和存储类型

5.4.1 变量的作用域

什么是变量的"作用域"？打个比方，每个变量好比一盏灯，能照亮的区域就是它的"作用域"，在该区域内的任何地方都能"看到"它，自然也就能访问到该变量；出了这个区域就访问不到了，因为"看不到了"。

程序中的每个"变量灯"的"功率"大小不一，因此它们的作用域就不相同了。在讨论函数的形参变量时曾经提到，形参变量只在被调用期间才分配内存单元，调用结束立即释放。这一点表明形参变量只有在函数内才是有效的，这种变量的有效范围称变量的作用域。不仅形参变量，C 语言中所有的变量都有自己的作用域。变量说明的方式不同，其作用域也不同。从作用域的角度看，可以将变量分为"局部变量"和"全局变量"。

1. 局部变量

局部变量也称为内部变量，是在函数内部定义说明的。其作用域仅限于函数内，离开该函数就不能再使用了。例如：

```
int f1(int a)                              //定义函数 f1()
{
 int b，c;
 ……
}
int   main()                              //主函数
{
 int m，n;
 ……
 return 0；
}
```

上面有两个函数，从中可以看到：

在函数 f1 内定义了三个变量，a 为形参，b 和 c 为一般变量。在 f1 的范围内 a、b、c 有效。m、n 的作用域限于 main() 函数内。

（1）主函数 main() 中定义的局部变量，也只能在主函数中使用，其他函数不能使用。同时，主函数中也不能使用其他函数中定义的局部变量。因为主函数也是一个函数，与其他函数是平行关系。这一点是与其他语言不同的，应予以注意。

（2）形参变量也是局部变量，属于被调用函数；实参变量，则是调用函数的内部变量。

（3）允许在不同的函数中使用相同的变量名，它们代表不同的对象，分配不同的单元，互不干扰，也不会混淆。

（4）在复合语句中也可定义变量，其作用域只在复合语句范围内。

例如：

```
int main()
{int s，a；
    ……
{int b；
s=a+b；
……
}
……
return 0；
}
```

2．全局变量

如果说局部变量是一盏只能照射到局部区域的"灯"，那么全局变量就是一盏能照射到整个程序的"灯"，因此，程序中的任何地方都能访问到全局变量。

在 C 语言程序中，是以文件为单位进行编译的，在一个源程序文件中，也就是函数外部定义的变量称为全局变量，也称为外部变量，其作用域是从定义该变量的位置开始到程序结束。全局变量不属于哪一个函数，而属于一个源程序文件。在函数中使用全局变量，一般要作全局变量说明。只有在函数内经过说明的全局变量才能使用。但是在一个函数之前定义的全局变量，在该函数内使用时可不再说明。例如：

```
int a，b；          //外部变量
void f1()          //说明函数 f1()
{
……
}
float x，y；        //外部变量
int f2()           //说明函数 f2()
{
……
}
int main()         //主函数
{
……
return 0；
}
```

从以上可以看出 a、b、x、y 都是在函数外部定义的外部变量，都是全局变量。但 x、y 定义在函数 f1()之后，而在 f1()内又没有对 x、y 说明，所以它们在 f1()内无效。a、b 定义在源程序第一行，因此在函数 f1()、f2()及主函数 main()内都有效，不加说明也可使用。

说明：

（1）外部变量可加强函数模块之间的数据联系，但又因此使得这些函数的独立性降低。从模块化程序设计的观点来看有些不利，因此可尽量少用外部变量。

（2）在同一源文件中，允许外部变量和内部变量同名。在内部变量的作用域内，外部变量将被屏蔽而不起作用。

（3）对于局部变量的定义和说明，可以不加区分。而对于外部变量则不然，外部变量的定义和说明并不是一回事。外部变量定义必须在所有的函数之外，且只能定义一次。

一般格式：

[extern] 类型说明符 变量名，变量名…；

其中方括号内的 extern 可以省去不写。

例如：

int a,b;

等效于：

extern int a,b;

外部变量的作用域是从定义点到本源程序文件结束。如果定义点之前的函数需要引用这些外部变量，需在函数内对被引用的外部变量进行说明。外部变量说明的一般格式：

extern 类型说明符 变量名，变量名，…；

（4）外部变量的作用域是从定义位置到本源文件结束。如果定义位置之前的函数需要引用这些变量时，需在函数内对被引用的外部变量进行说明。引用外部变量说明语句格式：

extern 类型说明符变量名，变量名，…；

（5）外部变量在定义时就已分配了内存单元，外部变量定义可作初始赋值，外部变量声明不能再赋初值，只是表明在函数内要使用某外部变量。

（6）外部变量的定义和外部变量的说明是两回事。外部变量的定义，必须在所有的函数之外，且只能定义一次。而外部变量的说明，出现在要使用该外部变量的函数内，而且可以出现多次。

【例 5.15】外部变量的定义与说明。

```
#include<stdio.h>
int vs(int xl,int xw)
{
  extern int xh;                             //外部变量 xh 说明
  int v ;
  v=xl*xw*xh ;                               //使用外部变量 xh 的值
  return v ;
}

int main()
{
  extern int xw,xh ;                         //外部变量的说明
  int xl=5 ;                                 //内部变量的定义
  printf("xl=%d,xw=%d,xh=%d\nv=%d",xl,xw,xh,vs(xl,xw)) ;
```

```
  return 0 ;
}
int xl=3,xw=4,xh=5;                              //定义外部变量 xl、xw、xh
```

外部变量在最后定义，因此在前面函数中对要用的外部变量必须进行说明。外部变量 xl，xw 和函数 vs()的形参 xl，xw 同名。外部变量都作了初始赋值，主函数 main()中也对 xl 作了初始化赋值。执行程序时，在 printf()语句中调用 vs()函数，实参 xl 的值应为 main()中定义的值 5，外部变量 xl 在 main()内不起作用；实参 xw 的值为外部变量 xw 的值 4，进入 vs()后这两个值传送给形参 xl，函数 vs()中使用的 xh 为外部变量，其值为 5，因此 v 的计算结果为 100，返回主函数后输出。

5.4.2 变量的存储类型

从变量的作用域来看，变量可分为"局部变量"和"全局变量"。局部变量定义在函数内部，函数调用时局部变量被临时创建，函数执行完毕，局部变量自动撤销。全局变量定义在整个程序空间，在程序运行初期被创建，整个程序执行完后才会消失。所以任何一个变量都有一个"创建""存在"和"消亡"的过程。换句话说，变量有"寿命"或"生存期"。本节从变量的生存期这个角度来认识变量。

变量的生存期取决于它的存储类型。所谓"存储类型"，是指系统为变量分配的具有某种特性的存储区域。存储区域一般分为两种，即静态存储区和动态存储区。存放在静态存储区的变量在程序运行初期被创建，它们的寿命与程序同步；存放在动态存储区的变量是临时的，在程序运行期间随时会被撤销。这样，从变量的存储类型，就可以知道它的作用域和生存期。

（1）静态存储变量通常是在变量定义时就分定存储单元并一直保持不变，直至整个程序结束。

（2）动态存储变量是在程序执行过程中，使用它时才分配存储单元，使用完毕立即释放。典型的例子是函数的形式参数，在函数定义时并不分配存储单元，只是在函数被调用时，才予以分配，调用函数完毕立即释放。如果一个函数被多次调用，则多次分配、释放形参变量的存储单元。

从以上分析可知，静态存储变量是一直存在的，而动态存储变量则时而存在时而消失。这种由于变量存储方式不同而产生的特性称为变量的生存期。生存期表示了变量存在的时间。生存期和作用域是从时间和空间两个不同的角度来描述变量的特性，这两者既有联系，又有区别。一个变量究竟属于哪一种存储方式，并不能仅从其作用域来判断，还应有明确的存储类型说明。

概括地讲，变量按存储区域的不同分为以下 4 种类别。

auto：动态变量。

register：寄存器变量。

extern：外部变量。

stati：静态变量。

自动变量和寄存器变量属于动态存储方式，外部变量和静态变量属于静态存储方式。

在介绍了变量的存储类型之后，可以知道对一个变量的说明不仅应说明其数据类型，还

121

应说明其存储类型。因此，变量说明的完整格式应为：

存储类型说明符　数据类型说明符　变量名，变量名…；

例如：

static int a，b；   //说明 a、b 为静态整型数据变量

auto char c1，c2；   //说明 c1、c2 为自动字符变量

static int a[5]={1，2，3，4，5}；   //说明 a 为静整型数组

extern int x，y；   //说明 x、y 为外部整型数据变量

下面分别介绍以上四种存储类型：

1. 自动变量 auto

在函数中定义的变量实际上都是自动变量，也是 C 语言程序中广泛使用的一种类型。在 C 语言中，函数内部凡未说明存储类型的变量均视为自动变量。也就是说，自动变量可缺省说明符 auto。自动变量定义在函数中，当函数调用时被临时创建动态存储区，函数执行完毕，自动撤销。声明自动变量的格式：

auto　类型名　变量表

例如：

```
{int i, j, k;
 char c;
……
}
```

等价于：

```
{ auto int i, j, k;
  auto char c;
……
}
```

自动变量特点：

（1）自动变量的作用域仅限于定义该变量的个体内。在函数中定义的自动变量，只在该函数内有效。在复合语句中定义的自动变量只在该复合语句中有效。

（2）自动变量属于动态存储方式，只有在使用时才分配存储单元，开始它的生存期。函数调用结束，释放存储单元，生存期结束。因此函数调用结束，自动变量的值不能保留。在复合语句中定义的自动变量，在退出复合语句后也不能再使用。

（3）自动变量的作用域和生存期都局限于定义它的个体内 (函数或复合语句内)，因此不同的个体中允许使用同名的变量，即使在函数内定义的自动变量也可与该函数内部的复合语句中定义的自动变量同名。

（4）对构造类型自动变量，譬如数组等，不能初始化赋值。

2. 外部变量 extern

在前面介绍全局变量时已介绍过外部变量。这里仅补充说明外部变量的特点。

（1）外部变量和全局变量是对同一类变量的两种不同的提法。全局变量是从它的作用域

提出的，外部变量从它的存储方式提出的，表示了它的生存期。

（2）当一个源程序由若干个源文件组成时，在一个源文件中定义的外部变量在其他的源文件中也有效。例如，有一个源程序由源文件 f1.c 和 f2.c 组成：

```
f1.c
int a, b;                          //外部变量定义
char c;                            //外部变量定义
int main()
{
 ……
 return 0;
}


f2.c
extern int a,b;                    //外部变量说明
extern char c;                     //外部变量说明
func (int x, y)
{
……
}
```

在 f1.c 和 f2.c 两个文件中都要使用 a，b，c 三个变量。在 f1.c 文件中把 a,b,c 都定义为外部变量。在 f2.c 文件中用 extern 把三个变量说明为外部变量，表示这些变量已在其他文件中定义，编译系统不再为他们分配内存空间。对构造类型的外部变量，如数组等可以在说明时初始化赋值，若不赋初值，则系统默认为 0。

3. 静态变量 static

静态变量属于静态存储方式，但是静态存储方式的变量不一定就是静态变量，例如外部变量虽然属于静态存储方式，但不一定是静态变量，必须由 static 说明后才能成为静态外部变量，或称静态全局变量。

自动变量属于动态存储方式，但是也可以用 static 定义为静态自动变量，或称静态局部变量，从而成为静态存储方式。因此一个变量可由 static 再说明，改变其原有的存储方式。

（1）静态局部变量。

在局部变量的说明前加上 static 说明符，就构成静态局部变量。例如：

```
static int a，b;
static float array[5]={1，2，3，4，5};
```

静态局部变量属于静态存储方式，具有以下特点：

① 静态局部变量在函数内定义，但不像自动变量。静态局部变量始终存在着，也就是说它的生存期为整个源程序生存期。

② 静态局部变量的生存期虽然为整个源程序的生存期，但是作用域仍与自动变量相同，即只能在定义该变量的函数内使用。退出该函数后，不能使用它。

③ 允许对构造类型静态局部变量赋初值。在数组一章，介绍数组初始化时已经说明，若未赋以初值，系统自动赋以 0 值。

④ 对基本类型的静态局部变量若在说明时未赋以初值，则系统自动赋以 0 值。

根据静态局部变量的特点，可以看出它是一种生存期为整个源程序生存期的变量。虽然离开定义它的函数后不能使用，但是再次调用定义它的函数时又可继续使用，而且保存了上次被调用后留下的值。因此，当多次调用一个函数且要求在调用之间保留某些变量的值时，可考虑静态局部变量。

【例 5.16】静态局部变量的使用举例。

```c
#include<stdio.h>
int main()
{
int func(int a, int b);                         //函数原型说明
int k=4,m=1,p;
p=func(k,m);                                    //函数调用
printf("%d,",p);
p=func(k,m);
printf("%d\n",p);
return 0;
}
int func(int a, int b)                          //函数定义
{
static int m,j=2;
j+=m+1;
m=j+a+b;
return(m);
}
```

程序运行结果如图 5.14 所示。

图 5.14 程序运行结果

在例 5.16 中，在函数 main()和函数 func()中都有变量 m，但是它们占用不同的内存单元，互相之间没有联系。在函数 func()中，变量 m 和 j 均是静态变量，其初值在编译时赋予，它们在运行期间占有固定的存储单元并保留最后一次运算的值。在第一次调用后函数 main()中 k=4，m=1，函数 func()中的 m=8，j=3 之后再调用时，经运算函数 func() j=3+8+1=12；m=12+4+1=17，因此两次返回的 m 值分别为 8 和 17。

（2）静态全局变量。

全局变量(外部变量)的说明之前再冠以 static 就构成了静态的全局变量。全局变量本身就是静态存储方式，静态全局变量当然也是静态存储方式。这两者在存储方式上并无不同。两者的区别在于非静态全局变量的作用域是整个源程序，当一个源程序由多个源文件组成时，非静态的全局变量在各个源文件中都是有效的。而静态全局变量则限制其作用域，即只在定义该变量的源文件内有效，在同一源程序的其他源文件中不能使用。由于静态全局变量的作用域局限于一个源文件，只能为该源文件内的函数共用，因此可以避免在其他源文件中引起错误。

可以看出，把局部变量改变为静态变量后改变了它的存储方式，即改变了它的生存期。把全局变量改变为静态变量后改变了它的作用域，限制了它的使用范围。因此，static 说明符在不同的地方所起的作用是不同的。

4. 寄存器变量 register

上述变量存放在存储器中，当对一个变量频繁读写时，将花费大量的存取时间。为此，C 语言提供了另一种变量，即寄存器变量。这种变量存储在 CPU 的寄存器中，使用时不需要访问内存，可提高效率。寄存器变量的说明符是 register。

【例 5.17】 计算 $s=x^1+x^2+x^3+\cdots+x^n$，x 和 n 由终端输入。

```
#include<stdio.h>
long sum(register int x,int n)
{
long s;
int i;
register int t;
t=s=x;
for(i=2;i<=n;i++)
    {t*=x;s+=t;}
return(s);
}
int main()
{
int x,n;
printf("input x,n: ");
scanf("%d %d",&x,&n) ;
printf("s= %ld\n",sum(x,n));
return 0;
}
```

程序运行结果如图 5.15 所示。

图 5.15　程序运行结果

说明：只有局部自动变量和形式参数才可以定义为寄存器变量。因为寄存器变量属于动态存储方式。凡是采用静态存储方式的量不能定义为寄存器变量。

5.5　内部函数和外部函数

函数一旦定义，就可被其他函数调用。但是当一个源程序由多个源文件组成时，在一个源文件中定义的函数能否被其他源文件中的函数调用呢？C 语言将函数分为内部函数和外部函数。

1. 内部函数

如果在一个源文件中定义的函数只能被本文件中的函数调用，而不能被同一源程序其他文件中的函数调用，这种函数称为内部函数，定义语句格式：

static 类型说明符　函数名(形参表)

例如：

static int f (int a，int b)

内部函数也称为静态函数。但是这里静态 static 的含义不是指存储方式，而是指函数的调用范围仅局限于本文件。

2. 外部函数

可供其他文件使用的函数，称为外部函数。定义时在前面加上 extern 关键字，系统缺省情况下所定义的函数均为外部函数。其他文件引用该函数时，必须在该文件中使用 extern 关键字进行声明。

外部函数在整个源程序中都有效，定义语句格式：

extern 类型说明符　函数名(形参表)

例如：

extern int f(int a,int b)

如果在函数定义中没有说明 extern 或 static，则隐含为 extern。在一个源文件的函数中调用其他源文件中定义的外部函数时，也应用 extern 说明被调用的函数是外部函数。

【例 5.18】删除字符串中的指定字符，用外部函数实现。

file1.c 源文件：

```
#include<stdio.h>
int main()
```

```
{
    extern    void enter_string(char str[80]);              //声明调用的外部函数
    extern    void delete_string(char str[],char ch);
    extern    void print_string(char str[]);
    char c;
    char str[80];
    enter_string(str);
    printf("请输入指定将要删除的字符:");
    scanf("%c",&c);                                          //指定将要删除的字符
    delete_string(str,c);
    printf("删除指定字符%c 后的字符串为:",c);
    print_string(str);
    printf("\n");
    return 0;
}
```

file2.c 源文件:

```
#include <stdio.h>
void enter_string(char str[80])                             //定义外部函数 enter string
{   printf("请输入原字符串:");
    gets(str);}                                             //输入字符串 str
```

file3.c 源文件:

```
void    delete_string(char str[],char ch)
{
    int i,j;
    for(i=j=0;str[i]!='\0';i++)
        if(str[i]!=ch)
                str[j++]=str[i];
    str[j]='\0';
}
```

file4.c 源文件:

```
#include <stdio.h>
void    print_string(char    str[])
{
    printf("%s",str);
}
```

程序运行结果如图 5.16 所示。

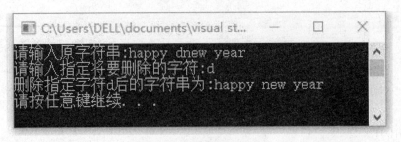

图 5.16 程序运行结果

5.6 库函数概述

C 语言的语句十分简单，如果要使用 C 语言的语句直接计算 sin 或 cos 函数，就需要编写非常复杂的程序。因为 C 语言的语句中没有提供直接计算 sin 或 cos 函数的语句。再如为了显示一段文字，在 C 语言中也找不到显示语句，只能使用库函数 pintf()。

C 语言中所使用的库函数并不是 C 语言本身的一部分，它是由编译程序根据一般用户的需要编制并提供给用户使用的一组程序。C 的库函数极大地方便了用户，同时也补充了 C 语言本身的不足。事实上，在编写 C 语言程序时，应当尽可能多地使用库函数，这样既可以提高程序的运行效率，又可以提高编程的质量。相关的基本概念如下：

函数库：函数库是由系统建立的具有一定功能的函数的集合。函数库中存放函数的名称和对应的目标代码，以及连接过程中所需的重定位信息。用户也可以根据自己的需要建立自己的用户函数库。

库函数：存放在函数库中的函数。库函数具有明确的功能、入口调用参数和返回值。

连接程序：将编译程序生成的目标文件连接在一起生成一个可执行文件。

头文件：有时也称为包含文件。C 语言库函数与用户程序之间进行信息通信时要使用的数据和变量，在使用某一库函数时，都要在程序中嵌入(用# include 命令)该函数对应的头文件。

由于 C 语言编译系统应提供的函数库目前无国际标准，不同版本的 C 语言具有不同的库函数，用户使用时，应查阅有关版本的 C 语言库函数参考手册。常见的库函数，主要分类如下：

（1）I/O 函数。包括各种控制台 I/O、缓冲型文件 I/O 和 UNIX 式非缓冲型文件 I/O 操作。使用该函数，需要的包含文件：stdio.h。

例如：getchar，putchar，print，scanf，fopen，fclose，fgetc，fgets，fprintf，fsacnf，fputc，fputs，fseek，fread，fwrite 等。

（2）字符串、内存和字符函数。包括对字符串进行各种操作和对字符进行操作的函数。

需要的包含文件：string.h、mem.h、ctype.h。

例如，用于检查字符的函数 isalnum，isalpha，isdigit，islower，isspace 等；用于字符串操作函数 strcat，strchr，strcmp，strcpy，strlen，strstr 等。

（3）数学函数。包括各种常用的三角函数、双曲线函数、指数和对数函数等。

需要的包含文件：math.h。

例如：sin，cos，exp(x)（e 的 x 次方），log，sqrt（开平方），pow(x, y)（x 的 y 次方）等。

（4）动态存储分配。包括"申请分配"和"释放"内存空间的函数。

需要的包含文件：alloc.h 或 stdlib.h。

例如：calloc，free，malloc，realloc 等。

在使用库函数时应清楚地了解以下 4 个方面的内容：

① 函数的功能及所能完成的操作；

② 参数的数目和顺序，以及每个参数的意义及类型；

③ 返回值的意义及类型；

④ 需要使用的包含文件。

这是能正确使用库函数的必要条件。

5.7　本章小结

本章介绍了 C 语言的函数与程序结构，函数的定义方法、函数说明规定、函数返回、函数的返回值和函数的调用，函数间参数传递的规定，在函数调用时形式参数与实际参数的对应关系，参数传递的方式(值传递)，以及 void 型函数。

变量的存储类型：4 种存储类型变量的说明方式、特点和适用范围，不同存储类型变量在使用时的区别，变量的初始化方法，在函数之间使用外部变量传递数据的规定。

本章的知识结构如图 5.17 所示，建议读者可进行进一步的知识扩充。

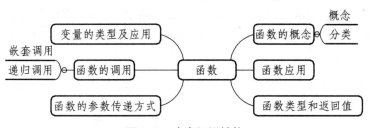

图 5.17　本章知识结构

实训 5　函数应用

一、实训目的

1. 熟悉函数的定义规则和调用规则。

2. 熟悉函数的参数传递规则。

3. 掌握递归函数的定义与调用执行过程。

二、实训环境

同实训 1。

三、实训内容

1. 写一个判断素数的函数，在主函数输入一个整数，输出是否素数的信息。

提示：判断素数的算法，以前已经学过，这里需要把素数的判断算法用函数形式表示出来。注意函数的定义、声明的方法和格式。

2. 写一函数，对给定的一个二维数组（4×4）转置，即行列互换。

提示：用数组作为函数参数，注意数组作为函数参数时的用法。

3. 写两个函数，分别求两个正数的最大公约数和最小公倍数，再用主函数调用这两个函数并输出结果，两个正数由键盘输入。

4. 选择排序算法对任意数组进行排序。

提示：所谓选择法就是先把 10 个整数中最小的数与 a[0]对换，再将 a[1]～a[9]中最小的数与 a[1]对换。每比较一轮，找出未经排序的数中最小的一个，共比较 9 轮。

习题 5

一、填空题

1. 变量按存储类型可分为_____变量和_____变量。

2. 根据能否被其他源文件调用，函数可分为_____函数和_____函数。

3. C 语言中函数参数的传递方式有两种，分别是_____和_____。

4. 在 C 语言中，一个函数由两部分组成，它们是_____和_____。

5. 返回语句的功能是从_____返回_____。

6. 如果在某函数中用语句 static a;定义一个静态变量，此时 a 的值为_____。

7. 设有函数调用语句 f(x,(x,y,z));，该调用语句中实参的个数是_____个。

8. 若有以下函数调用语句：

```
func((e1，e2)，(e3，e4，e5));
```

在该函数调用语句中实参的个数是_____。

9. 若有定义"int a[10]，i;"，以下 fun 函数的功能是在第一次循环中给前 10 个数组元素依次赋 1、2、3、4、5、6、7、8、9、10；在第二次循环中使数组 a 前 10 个元素中的值对称折叠，变成 1、2、3、4、5、5、4、3、2、1。请填空。

```
fun(int a[])
{
  int i;
  for(i=1;i<=10; i++) _____=i;
  for(i=0; i<5;i++) _____=a[i];
}
```

10. 下面程序中，执行 i=0 的结果是_____，执行 i=1 的结果是_____。

```
#include<stdio.h>
int a=10;
f(int a)
   {static b=2; return b+=a+b;}
int main( )
{
```

```
    int i;
    for (i=0;i<2;i+ +) printf("%d\n",f(a));
    return 0;
}
```

二、选择题

1. 以下只有在使用时才为该类型变量分配内存的存储类说明是（   ）。

    A. auto 和 static   B. auto 和 register

    C. register 和 static   D. extern 和 register

2. 函数调用时，实参是简单变量，它与相应形参变量的数据传送方式是（   ）。

    A. 地址传送   B. 单向传送

    C. 由实参传给形参，再由形参传回实参   D. 传递方式由用户确定

3. 以下程序的运行结果是（   ）。

```
#include<stdio.h>
int fun(int n)
{if (n==0) return 1;
    return fun(n-1)*n;
}
int main()
{
 int c=3;
 printf ("%d",fun(c));
 return 0;
}
```

    A. 5   B. 6   C. 7   D. 8

4. 以下程序的运行结果是（   ）。

```
int func(int a,int b)
{return(a+b);
}
int main()
{
 int x=2,y=5,z=8,r;
 i=func(func(x,y),z);
 printf("%d",r);
return 0;
}
```

    A. 12   B. 13   C. 14   D. 15

5. 以下程序的运行结果是（   ）。

```
void func1(int i);
void func2(int i);
```

```
char st[]="hello friend! ";
void func1(int i)
{printf("%c",st[i]);
 if(i<3)
      {i+=2;func2(i);}
}
void func2(int i)
{printf("%c",st[i]);
 if(i<3)
      {i+=2;func1(i);}
}
int main()
{
int i=0;
func1(i);
printf("\n");
return 0;
}
```

  A. hello   B. hel   C. hlo   D. hlm

6. 以下程序的运行结果是（   ）。

```
int d=1;
fun(int p)
{static int d=5;
 d+=p;
 printf("%d",d);
 return(d)   ;
}
 int   main()
 {
  int a=3;
  printf("%d\n",fun(a=fun(d)));
  return 0;
 }
```

  A. 699   B. 669   C. 61212   D. 6615

三、程序设计

1. 有一个数组内放有 10 个学生的成绩，写一个函数，求出平均分、最高分和最低分。

2. 写一个函数，对 3 阶矩阵（以二维数组方式存储）转置。

3. 写一函数，用"冒泡法"对输入的 10 个字符按由小到大顺序排序。

4. 用牛顿迭代法求解方程 $ax^3+bx^2+cx+d=0$，系数 a、b、c、d 由主函数输入。求 x 在 1

附近的一个实根。求出根后，由主函数输出。

5. 编写一个判断一个整数是否是素数的函数，使用该函数编写验证 1 000 以内的哥德巴猜想成立。

6. 编写一个程序，调用函数，已知一个圆筒的半径、外径和高，计算该圆筒的体积。

7. 编写一个求水仙花数的函数，求 100～999 的全部水仙花数。所谓水仙花数是指一个三位数，其各位数字立方的和等于该数。例如：153 就是一个水仙花数，153=1×1×1+5×5×5+3×3×3。

8. 编写一个函数，输出整数 m 的全部素数因子。例如：m=120 时，因子为 2,2,2,3,5。

9. 已知某数列前两项为 2 和 3，其后继项根据当前的前两项的乘积按下列规则生成：

（1）若乘积为一位数，则该乘积就是数列的后继项；

（2）若乘积为二位数，则乘积的十位和个位数字依次作为数列的后继项。

当 N=10，求出该数列的前十项为：

$$2 \quad 3 \quad 6 \quad 1 \quad 8 \quad 8 \quad 6 \quad 4 \quad 2 \quad 4$$

10. 编写一递归程序，实现任一十进制正整数转换为八进制数。

第6章 指 针

指针是 C 语言的重要数据类型，在 C 语言中占有重要的地位，是 C 语言的精髓，也是比较难掌握的内容。C 语言的高度灵活性及其超强的表达能力，在很大程度上源于巧妙而恰当地使用指针。灵活、正确地使用指针，能够有效、方便地处理数组和字符串，在函数之间传送数据，有效地表示和处理复杂的数据类型，特别有利于动态数据的管理。指针可以直接处理内存地址，因此可以使编写的程序简洁、紧凑和高效。

指针的概念比较复杂，使用方法非常灵活，要想真正掌握它，就必须多思考、多分析、多上机，尽量采用图示来帮助分析问题与解决问题。

【学习目标】

- 理解 C 语言中指针的概念及重要作用
- 熟练掌握 C 程序中指针的定义及指针运算方法
- 理解 C 程序中数组元素的指针和数组的指针的区别
- 掌握 C 程序中函数的指针和返回指针的函数的运用

6.1 内存数据的指针与指针变量

为了便于理解和学习指针和指针变量，需要先了解一下数据在内存中的存储与读取。

6.1.1 内存与内存地址

尽管计算机技术发展日新月异，但现代计算机仍然采用"基于存储程序和程序控制"的冯·诺依曼原理。"存储程序"就是在程序运行之前将程序和数据存入计算机内存中，而内存是以字节为单位的连续存储空间。为了方便地寻找内存中存放的程序实体（变量、数组、函数等），每个内存单元都有一个编号，称为内存地址（简称地址）。

在计算机中，存储器以字节为单元存储二进制数据，每个单元存储一个字节的二进制数据，因此也称为字节单元。每个单元有唯一的编号，称为"地址"。每个地址单元仅存储 8 位二进制数。这样，不同类型的数据由于字长不同，将占据不同数量的字节存储单元。数据存取时，按地址进行。在地址所标识的单元中存储数据，就相当于宾馆按房间招住房客。

C 语言规定，编程时必须首先说明变量名、数组名。编译时，系统会根据程序中定义的数据类型给变量或数组分配相应大小的内存空间（即多少个内存单元）。例如：

```
char c;
int i;
float f;
```

c 是字符型变量，在内存中占 1 个字节（即占 1 个存储单元），地址为 2010；i 是整型变量，在内存中占 4 个字节，分别是 201～2014，地址为 201；f 是单精度变量，在内存中占 4个字节，分别是 2015～2018，地址是 2015，如图 6.1 所示。

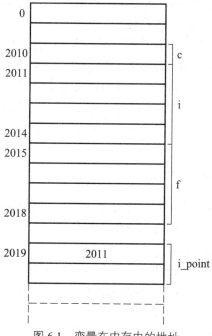

图 6.1　变量在内存中的地址

注意：C 编译系统在编译过程中会自动为这三个变量动态地分配内存空间，并记录对应的地址，用户不需要关心和记忆这些地址的值。

6.1.2　内存中存储单元的起始地址

由于不同类型的数据占据不同数量的存储单元，而每一个数据只能有一个地址。因此，常以低字节数据的地址作为整个数据地址，也称为起始地址。如图 6.1 中的变量 i，占据存储器 2011 到 2014 两个单元，通常低字节数据占据低地址单元，高字节数据占据高字节单元，故该整型数据的地址为 2011。

【例 6.1】输入一个整型数据，并输出。程序如下：

```
#include <stdio.h>
main()
{
  int i;
  scanf("%d",&i);
  printf("i=%d",i);
}
```

程序中定义了一个整型变量 i。程序编译时，假设系统分配 2000 和 2001 两个字节存储单元给变量 i，则起始地址 2000 就是变量 i 在内存中的地址。

6.1.3 指针与指针变量

（1）指针：是指一个变量、数组或函数等程序实体所占存储单元的首地址。例如，上述变量 i 的首地址是 2011，则地址 2011 就是变量 i 的指针。由于地址能唯一确定程序实体的存储位置，就像路标一样，故形象地称为指针。

（2）指针变量：专门存放变量（或其他程序实体）的首地址的变量称为指针变量。

例如，上述变量 i_pointer 的值就是变量 i 的首地址，可以通过语句"i_pointer = &i;"将变量 i 的地址存放到指针变量 i_pointer 中。通过该变量中的值，就可以找到变量 i。

指针与指针变量的区别就是变量值与变量之间的区别。即地址是指针，变量的指针就是变量的地址，指针变量也需要存储单元，而存放变量地址的变量就是指针变量。

6.1.4 变量存取通过地址进行

程序在编译时将每一个变量名对应一个地址，在内存中不再出现变量名，而只有地址。对变量值的存取通过地址进行，访问方式通常有两种。

（1）直接利用变量地址进行存取。

在例 6.1 中，当系统执行输入语句 scanf（"%d",&i）时，根据变量 i 与地址的对应关系，找到变量 i 的起始地址 2011，然后把键盘输入的数值（10）存入&i 所指示的单元中。变量 i 在内存中的地址和数值，如图 6.1 所示。

当系统执行输出语句 printf("i=%d", i)时，根据变量 i 找到对应的起始地址 2011，从 2011 到 2014 字节单元中取出其中的数据（10），输出到屏幕上。

这种通过变量名或地址访问一个变量的方式称为"直接访问"。

（2）通过指针变量存取。

C 语言规定，可以把一个变量的地址存放到另一个变量中，这个变量称为指针变量。例如指针变量"i_pointer"的地址 2019，取出其中的数值 2011，即变量 i 的起始地址，然后从地址 2011 和 2014 中取出变量 i 的值 10。其示意如图 6.1 所示。

这里，指针变量只能存放地址，而不能存放其他数据。这种通过指针变量访问某一变量的方法称为"间接访问"。

举个例子，假设要打开 A 保险柜，有两种方法：一是将 A 保险柜钥匙带在身上，需要时用该钥匙打开 A 保险柜，取出东西，这就是直接访问；另一种方法是将 A 保险柜钥匙放到 B 保险柜中锁起来，需要时先拿 B 钥匙打开 B 保险柜，从中取出 A 钥匙，再打开 A 保险柜，取出东西，这就是间接访问。

6.2 指针变量的定义及指针运算

对指针有了大致的了解之后，就知道指针变量和普通变量一样占据一定的存储单元，但是指针变量存储单元中存放的不是普通的数据，而是地址。也就是说，指针变量是一个存放地址的变量。

6.2.1 指针变量的定义

1. 指针变量的定义

C 语言规定所有变量在使用前必须定义，说明类型，系统将按其类型分配内存单元。指针变量不同于整型变量和其他类型的变量，它是专门存放地址的，必须定义为"指针类型"。
格式：

数据类型　*指针变量名 1，[*指针变量名 2，…];

功能：定义指向相同"数据类型"的变量或数组的若干个指针变量。

说明："数据类型"是该指针变量所指向的变量的类型，也就是指针变量所存储变量地址的那个变量的类型。

指针变量名前的"*"是一个标志符，表示该变量的类型为指针型变量。例如，下面分别定义了数据类型为整型、实型和字符型的指针变量 p_int、p_float、p_char。

```
int *p_int;                        //定义 p_int 是指向整型变量的指针变量
float *p_float;                    //定义 p_float 是指向浮点变量的指针变量
char *p_char;                      //定义 p_char 是指向字符型变量的指针变量
```

2. 指针变量的赋值

指针变量与普通变量一样，使用前不仅需要声明，而且要赋予具体的值，这样才能提供一种间接访问变量的方式。指针可被初始化为 0，NULL 或某个地址。具有值 NULL 的空指针不指向任何单元。

在赋给指针变量某变量或数组元素的地址时，这个变量或数组必须在指针变量定义之前已经定义。将要需要指向的变量地址赋给某一指针变量后，该指针变量即指向某一指定的变量。例如，用赋值语句来实现指针变量 p 指向整型变量 i。

```
int *p;
int i=10;
p=&i;                              //取变量 i 的地址，赋给变量 p
```

另外，指针变量也可以将定义说明与初始化赋值结合起来。这样，上述例子可用下面方法实现。

```
int i=10;
int *p=&i;
```

6.2.2 指针变量的运算

在确定指针变量指向某一变量之后，原来对变量的操作也可以用指针变量进行。

1. 指针运算符

（1）取地址运算符&。

取地址运算符&是一个单目运算符，结合性自右而左，功能是取变量的地址。

格式：

&变量

功能：运算结果是该变量的首地址。

（2）取内容运算符*。

取内容运算符*，又称间接引用运算符，结合性自右而左，用来表示指针变量所指的变量。运算符*后面的变量必须是指针变量。

格式：

*指针变量

功能：取指针变量所指向的变量的值。

说明：取内容运算符"*"与前面定义指针变量时的"*"意义不同。指针变量定义时，"*"仅表示其后的变量是指针类型变量。而取内容运算符*是一个运算符，运算后的值是指针变量所指的变量的值。例如：

```
int i=10;
int *p=&i;
*p=10;
```

这里语句*p=10有两层含义：首先从指针变量 p 中取值，即变量 i 的地址；然后在该地址标识的内存单元中存入数据 10，如图 6.2 所示。

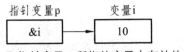

图 6.2　取指针变量 p 所指的变量中存放的值

【例 6.2】通过指针变量访问整型变量。程序如下：

```
#include <stdio.h>
int main()
{
  int i,*p;
  p=&i;
  scanf("%d",p);
  printf("i=%d\n",i);
  printf("*p=%d\n",*p);
  return 0;
}
```

程序运行结果如图 6.3 所示。

图 6.3　程序运行结果

【例 6.3】通过程序显示指针与其所指向的变量之间的关系。程序如下：

```c
#include <stdio.h>
int    main()
{
    int i;
    int *p;
    i=10;
    p=&i;
    printf("The address of i is %p\n",&i);
    printf("The value of p is %p\n",p);
    printf("The value of i is %d\n",i);
    printf("The value of *p is %d\n",*p);
    printf("&*p=%p\n",&*p);
    printf("*&p=%p\n",*&p);
    return 0;
}
```

程序运行结果如图 6.4 所示。

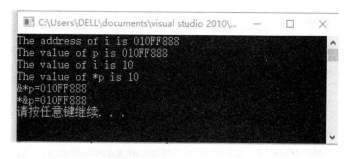

图 6.4　程序运行结果

说明：

（1）&i 是变量 i 的地址，p 指向变量 i，因此 p 中存放 i 的地址，所以在程序中第 1 个和第 2 个 printf 语句输出的都是 i 的地址。而*p 是 P 指向地址中存放的数，即 i 的值。

（2）&*p 运算顺序是，先执行*P，可得到指向地址中存放的值，即 i 的值。然后执行&*P，即&i，所以&*p 的运算结果是变量 i 的地址。

（3）*&p 运算顺序是，先执行&p，可得 p 的地址，然后执行*&p，得到 p 的内容，即变量 i 的地址，所以*&p 的运算结果也是变量 i 的地址。

2. 指针变量的算术操作

在 C 语言中，允许指针的算术操作只有加法和减法。

例如 int n,*p; 则表达式 p+n 指向的是 p 所指的数据存储单元之后的第 n 个存储单元，其中数据存储单元的大小与数据类型有关，如图 6.5 所示。

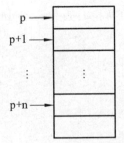

图 6.5 指针的算术操作

若设指针变量 p 的值为 2000，对于整型数据，其长度是 2 个字节。则表达式 p++ 的运算结果为 2002，而不是 2001。因为 p 增量后，要指向下一数据存储单元。

注意：地址的值可以用 2011、2012 等十进制的数表示，也可以用 2000H、2001H 等十六进制的数表示。

3. 指针变量的增减量运算

在 C 语言中，当指针变量指向某一连续存储单元时，可以对指针变量进行 ++，-- 运算，达到移动指针的目的。例如：

*p++ 的操作是先取指针 p 的值，然后再将 p+1 赋给 p，最后对 p 取 * 运算。

*p-- 的操作也是先取指针 p 的值，然后再将 p-1 赋给 p，最后对 p 取 * 运算。

4. 指针变量的应用

【例 6.4】输入两个整型数据 a 和 b，按升序输出，使用指针变量求解。程序如下：

```
#include <stdio.h>
void main()
{
  int a,b;
  int *p1,*p2,*p;                    //定义指针变量 p1、p2 和 p
  p1=&a; p2=&b;                      //变量 a 和 b 地址赋予指针 p1 和 p2
  scanf("%d%d",&a,&b);
  if(a>b)                           //如果 a>b, p1 和 p2 交换指针
    {p=p1; p1=p2; p2=p; }
  printf("a=%d,b=%d\n",a,b);        //输出 a 和 b 的值
  printf("min=%d,max=%d\n",*p1,*p2); //输出指针变量的值
}
```

程序运行结果如图 6.6 所示。

图 6.6 程序运行结果

说明：

（1）定义了三个指针变量 p1、p2 和 p，在比较和交换的过程中不是交换变量 a 和 b 的值，而是交换指针变量 p1 和 p2 的值。然后，通过指针变量升序输出。

（2）最初指针变量 p1 和 p2 分别指向变量 a 和 b。当 a 大于 b 时，交换指针，使指针变量 p1 指向 b，p2 指向 a，交换过程如图 6.7 所示。

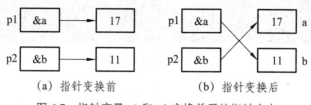

（a）指针变换前　　　　　　　　（b）指针变换后

图 6.7　指针变量 p1 和 p2 交换前后的指针方向

6.2.3　指针变量作为函数的参数

在 C 语言中，函数参数的传送是单向传送，即数值从调用函数传送到被调用函数。因此，单向值传送用一个被调用函数是无法实现主调函数中变量值的改变。

指针变量既可以作为函数的形参，也可以作为函数的实参。指针变量作实参时，与普通变量一样，是值的传送，即指针变量的值（地址）传送给被调用函数的形参（指针变量）。因此，被调用函数不能改变实参指针变量的值，但是可以改变实参指针变量所指向的变量的值。

所以，为了解决通过被调用函数来实现主调函数中变量值的改变，必须使用指针变量作为函数的形参。在执行被调用函数时，使形参指针变量所指向的变量的值发生变化。函数调用完成后，通过不变的实参指针变量将变化的值保留下来。

【例 6.5】　使用指针变量作为函数的形参，实现主调函数中变量值的改变。程序如下：

```c
#include <stdio.h>
void swap(int *p1,int *p2)          //交换形参指针变量所指向的变量的值
{
int temp;
temp=*p1; *p1=*p2; *p2=temp;
printf("in the function swap: *p1=%d,*p2=%d\n",*p1,*p2);
}
int main()
{int a=6,b=9;
printf("before swap: a=%d, b=%d\n",a,b);
swap(&a,&b);                        //用变量地址作为实参
printf("after swap: a=%d, b=%d\n",a,b);
return 0;
}
```

程序运行结果如图 6.8 所示。

图 6.8　程序运行结果

说明：

（1）函数 swap 的形参是两个整型指针变量 p1 和 p2，故主函数在调用时，必须使用变量 a 和 b 的地址，即&a 和&b 作为实参。

（2）执行函数 swap 时，改变的是*p1 和*p2 的值，而不是 p1 和 p2 的值。调用返回时，&a 和&b（地址）不变，但 a 和 b 的值改变了。

【例 6.6】用指针作为函数参数，给变量 a 和 b 输入两个整数，按升序输出。程序如下：

```c
#include <stdio.h>
void swap(int *p1,int *p2)
{
 int temp;
 temp=*p1; *p1=*p2; *p2=temp;
}
int main()
{
 int a,b;
 int *p11,*p22;
 p11=&a; p22=&b;
 scanf("%d%d",&a,&b);
 printf("a=%d, b=%d\n",a,b);
 if(a>b) swap(p11,p22);
 printf("min=%d, max=%d\n",*p11,*p22);
 return 0;
}
```

程序运行结果如图 6.9 所示。

图 6.9　程序运行结果

说明：

（1）在主函数中定义了两个指针 p11 和 p22，分别指向变量 a 和 b。

（2）在子函数 swap() 中定义了两个指针形参 p1 和 p2，当主函数调用函数 swap() 时，实参 p11 和 p22 将变量 a 和 b 的地址分别传送给形参 p1 和 p2，使形参 p1 和 p2 分别指向变量 a 和 b。*p1 和*p2 的值互相交换，即变量 a 和 b 的值互相交换。

6.3 指针与数组

指针可以指向变量，也可以指向数组。一个数组是由连续的一块内存单元组成的。数组的地址是指数组的首地址，即编译时给数组分配的一段存储空间的起始地址。一个数组也是由各个数组元素（下标变量）组成的，每个数组元素按其类型不同占有几个连续的内存单元。数组名代表数组起始地址，是一个常量。数组中每个数组元素也是占有一定存储空间的，即每一个数组元素也有地址。一个指针变量既可以指向一个数组，也可以指向一个数组元素。

6.3.1 数组元素的指针

数组中的各个元素在内存中连续存放，因此只要定义一个指向数组首元素的指针，就可以通过移动指针的指向，访问数组中的所有元素。

1. 数组元素的指针定义

数组元素的指针是指数组元素在内存中的地址。例如：

```
int array[6];        //定义具有 6 个元素的整型数组
int *p;              //定义指向整型变量的指针
p=array;             //使 p 指向数组的首地址
```

在 C 语言中，当一个指针变量 p 指向一个数组时，则 p+1 就指向数组中的下一个元素。上述例子中，指针变量 p 指向数组 array 的第 0 个元素 array[0]，则 p+1 指向 array 的第 1 个元素 array[1]，p+2 指向 array 的第 2 个元素 array[2]，p+i 指向 array 的第 i 个元素 array[i]。其示意如图 6.10 所示。

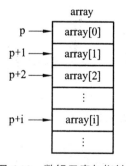

图 6.10 数组元素与指针

可见，当 p=array 时，则*p+1 就意味着指针 p 所指地址存放的值加 1，即 array[0]+1。而*(p+1) 就表示 array[1] 的值。*(p+i) 就是 array[i] 的值。

2. 通过指针访问数组元素

【例6.7】使用数组元素的指针访问数组元素。程序如下：

```
#include <stdio.h>
int main()
{
    int array[6],i,*p;                       //定义数组 array、整型变量的指针 p
    p=array;                                 //将指针 p 指向数组 array
    for(i=0;i<6;i++)
        scanf("%d",p+i);                     //使用数组元素指针输入数据
    for(i=0;i<6;i++)
        printf("array[ %d ]=%d\n",i,*(p+i)); //使用数组元素指针输出数组元素
    return 0;
}
```

程序运行结果如图 6.11 所示。

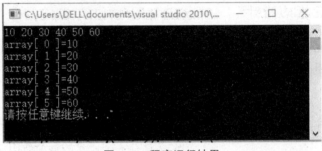

图 6.11　程序运行结果

说明：

（1）在主函数中定义指针变量 p 指向数组 array，再使用数组元素指针 p+i 输入各元素值，然后使用数组元素指针顺序输出数组中各元素的值。

（2）数组元素数据输入时，各数值之间用空格符分隔。

6.3.2　数组的指针

1. 数组指针定义

数组指针是指数组在内存中的起始地址，即数组名。

2. 用数组指针访问数组

定义一个数组和一个指向该数组的指针：

```
int array[6];
int *p=array;
```

引入指针变量后，就可以用下面两种方法访问数组元素。

（1）下标法：用 array[i]形式直接访问数组元素。

（2）指针法：采用*(p+i)或*(array+i)形式，间接访问数组元素。实际上，*(p+i)和*(array+i)

就是数组元素 array[i]的值。

在使用中，应注意*(p++)与*(++p)的区别。*(p++)就是 array[0]，*(++p)就是 array[++i]的值，*(--p)就是 array[--i]的值。

6.3.3 多维数组的指针

用指针变量可以指向一维数组，也可以指向多维数组。这里仅讨论二维数组的指针。

1．二维数组的地址

例如 int array[n] [m]; 定义一个二维数组 array，有 n×m 个元素。

从二维数组的角度看，数组名 array 代表整个二维数组的首地址，也是第 0 行的首地址。array+1 代表第 1 行的首地址。因此，array[0]代表第 0 行中第 0 列元素地址，即&array[0][0]，array[1]代表第 1 行第 0 列元素的地址，即&array[1][0]。当然，并不存在 array[i]这样的变量，它只是一种地址的计算方法，能得到第 i 行的首地址。

显然，array[0]和*(array+0)等价，array[1]和*(array+1)等价，array[i]和*(array+i)等价。所以，&array[i]和 array+i 等价，都是指向二维数组的第 i 行。array[i]和*(array+i) 都是指向二维数组的第 i 行第 0 列。array[i]+j 指向二维数组 array[i][j]。*(*(array+i))就是数组元素 array[i][0]的值。*(*(array+i)+j)就是数组元素 array[i][j]的值。计算 array[i][j]在数组中的相对位置为"i×m+j"，*(array[i]+j)就是数组 array[i][j]的值。

2．二维数组指针

如果二维数组 array[0]的指针为 p，则*(p+(i*m+j))指向数组元素 array[i][j]。

【例 6.8】使用指针变量输出二维数组任一行任一列元素的值。程序如下：

```
#include <stdio.h>
int main()
{
  int array[3][4]={{1,3,5,7},{9,11,13,15},{17,19,21,23}};
  int *p,i,j;                      //定义一个列指针变量 p
  p=array[0];                      //列指针变量 p 指向数组 array 的 0 行 0 列
  scanf("%d,%d",&i,&j);
  printf("array[%d][%d]=%d\n",i,j,*(p+(i*4+j)));
  return 0;
}
```

程序运行结果如图 6.12 所示。

图 6.12　程序运行结果

145

说明：

（1）在主函数中定义了一个指针变量 p，指向数组 array 第 0 行第 0 列。

（2）p+(i*4+j)是二维数组 array 第 i 行第 j 列的地址。*(p+(i*4+j))就是二维数组 array 元素 array[i][j]的值。

6.3.4 指向由 m 个元素组成的一维数组的指针变量

指向由 m 个元素组成的一维数组的指针变量称为数组的行指针变量。

格式：

数组类型 (*指针变量)[m];

赋值：

行指针变量=二维数组名;

说明：(*指针变量)两边的括号不能缺，否则成了指针数组。因为下标运算符"[ ]"的优先级比指针运算符"*"高，所以指针变量先与[m]结合，成为数组，再与前面的指针运算结合，成为指针数组。

如果行指针变量 p=数组 array，则*(指针变量+i)+j 指向二维数组元素 array[i][j]。

【例 6.9】用行指针变量输出二维数组任一行任一列元素的值。程序如下：

```c
#include <stdio.h>
int main()
{
  int array[3][4]={{1,3,5,7},{9,11,13,15},{17,19,21,23}};
  int (*p)[4],i,j;           //定义行指针变量 p，指向一个包含 4 个元素的一维数组
  p=array;                   //用二维数组名 array 给行指针变量 p 赋值
  scanf("%d, %d",&i,&j);
  printf("array[%d][%d]=%d\n",i,j,*(*(p+i)+j));
  return 0;
}
```

程序运行结果如图 6.13 所示。

图 6.13　程序运行结果

说明：

（1）在主函数中定义行指针变量 p 指向一个包含 4 个元素的一维数组。

（2）由于 p+i 是二维数组 array 的第 i 行的地址，故*(p+i)+j 就是二维数组 array 的第 i 行第 j 列的地址，*(*(p+i)+j) 就是二维数组 array 元素 array[i][j]的值。

6.3.5 指针数组

如果数组的每个元素均为指针类型数据，则称为指针数组。指针数组比较适合于指向多个字符串，使字符串处理更加方便灵活。

一维指针数组的定义格式如下：

数据类型 *数组名[数组长度]

例如：

int *p[4];

定义一个有 5 个元素的指针数组。数组中每一个元素 p[i]均是指向 int 类型数据的指针。p 是一个数组，有 5 个元素；然后 p[4]与 "int *" 结合，说明是一个整型指针类型的数组。

【例 6.10】使用指针数组将若干字符串字母顺序由小到大输出。程序如下：

```
#include <stdio.h>
#include <string.h>
int main()
{
  char *name[4]={ "C","VB","Foxpro","Java" };          //定义指针数组 name
  int i;
  void sort(char *name[],int n);
  sort(name,4);                    //使用字符指针数组名作实参，调用排序函数 sort
  for(i=0;i<4;i++)
      printf("name[%d]=%s\n",i,name[i]);
  return 0;
}
void sort(char *name[],int n)
{
  char *p;
  int i,j,minl;
  for(i=0;i<n-1;i++)                              //使用简单选择法排序
    {minl=i;                                      //预置本次最小串位置
      for(j=i+1;j<n;j++)                          //选出本次的最小串
        if(strcmp(name[minl],name[j])>0)          //判断是否存在更小串
          minl=j;                                 //保存最小串
        if(minl!=i)                               //比预置值小，交换位置
          {p=name[i]; name[i]=name[minl]; name[minl]=p;}
    }
}
```

程序运行结果如图 6.14 所示。

图 6.14　程序运行结果

说明：

（1）在主函数中定义字符指针数组 name，使用字符指针数组名作为实参，调用排序函数 sort()。

（2）在排序函数 sort()中，形参字符指针数组 name 的每个元素都是指向字符串的指针。利用字符串比较 strcmp()函数来判断是否存在比预置串更小的字符串，如果存在，则交换位置。

6.4　指针与函数

指针变量的值也是地址，数组指针变量的值也就是数组的首地址，当然也可以作为函数的参数使用。

6.4.1　指针及数组名作为函数的参数

指针及数组名作为函数的参数时，是以数据的地址作为实参调用该函数，即作为参数传递的不是数据本身，而是数据对应的地址，使实参和形参指向同一存储单元。所以，调用函数与被调函数存取的将是相同的一组空间，即双向的"地址"传递，也就是说函数调用后，实参指向的对象的值可能会发生变化。

如果修改指针所指向的目标，能使函数带回多个值，而修改指针本身，不能使函数带回多个值。下面以交换两个整数为例进行说明。

【例 6.11】交换两个整数——指针与函数。

```
#include<stdio.h>
// 交换两个整数
// 形参不是指针，无法修改实参，达不到交换两个整数的目的
void swap1(int x, int y);
//形参是指针，由于是修改指针本身，也达不到交换两个整数的目的
void swap2(int *px, int *py);
//形参是指针，由于是修改指针所指向的目标，能达到交换两个整数的目的
void swap3(int *px, int *py);

void main() {
    int x = 10, y = 20;
```

```c
        printf("源数据的地址和值为：\n");
        printf("x:%x    %d\n",&x,x);
        printf("y:%x    %d\n",&y,y);
        printf("调用 swap1：\n");
        swap1(x,y);
        printf("在 main 函数内 x = %d    y = %d\n", x, y);
        printf("调用 swap2：\n");
        swap2(&x, &y);
        printf("在 main 函数内 x = %d    y = %d\n", x, y);
        printf("调用 swap3：\n");
        swap3(&x, &y);
        printf("在 main 函数内 x = %d    y = %d\n", x, y);
}
//交换两个整数——交换形参值
void swap1(int x, int y) {
        int temp;
        temp = x;
        x = y;
        y = temp;
        printf("在 swap1 函数内 x = %d   y = %d\n", x, y);
}
//交换两个整数——交换形参值（地址）
void swap2(int *px, int *py) {
        int *temp;
        temp = px;
        px = py;
        py = temp;
        printf("在 swap2 函数内 x = %d   y = %d\n", *px, *py);
}
//交换两个整数——交换实参值
void swap3(int *px, int *py) {
        int temp;
        temp = *px;
        px = py;
        *py = temp;
        printf("在 swap2 函数内 x = %d   y = %d\n", *px, *py);
}
```

程序运行结果如图 6.15 所示。

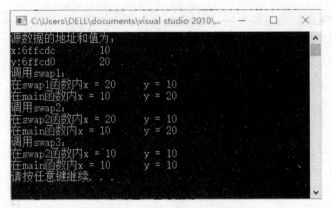

图 6.15　程序运行结果

从程序运行结果可以明显地看出，只有 swap3 函数能实现交换两个整数的目的。下面结合 swap 函数，采用图示法进一步说明传值和传址这一重要的基本概念。

swap1(传值):

传值是单向传递，即将实参的值传递给对应的形参，而不可能将形参的值反传递给实参。传递结束，实参和形参不存在任何联系，因此，形参值的修改不会影响实参值，如图 6.16 所示。形象地显示出：形参 x、y 的值进行了交换。但是，由于形参 x、y 的值不能修改实参 x、y 的值，所以实参 x、y 的值保持原值。

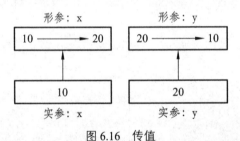

图 6.16　传值

swap2(传址，修改指针):

传址（传地址值）是将实参的地址传递给对应的形参，实现了形参共享实参，即形参 x、y 指针所指向的目标就是实参 x、y 存储单元。图 6.17 显示出了形参共享实参概念。同时也显示出：形参 x、y 的指针值进行了交换，即 x 指针改为指向实参 y，而 y 指针改为指向实参 x。但是，实参 x、y 值没有被修改，仍保持原值。

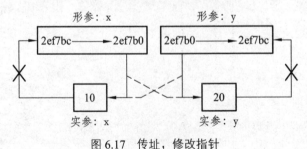

图 6.17　传址，修改指针

swap3(传址，修改目标):

传址(传地址值)，实现了形参共享实参。在 swap3 函数中的下列语句:

```
temp = *px;
*px = *py;
*py = temp;
```

是交换 x、y 指针所指向的目标，即交换实参 x、y 的值，且向调用函数传回两个值，如图 6.18 所示。

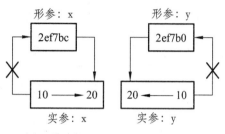

图 6.18　传址，修改目标

从 swap3（传址，修改目标）函数可以看出：通过指针类型形参，且修改它所指向的目标，可以使函数带回多个值。数组名是常量地址。因此，一维数组名和指针可相互传递（要注意，类型必须相同），如图 6.19 所示。但是，二维数组名和指针不可相互传递。

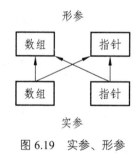

图 6.19　实参、形参

6.4.2　指针作为函数的返回值

一个函数可以返回一个整型数据、实型数据、字符串，也可以返回一个指针类型的数据，即地址。返回指针值的函数定义如下：

数据类型　*函数名（形参表）

功能：定义一个指针型函数，其返回值是一个指针。

说明：该定义是函数头说明，不是变量说明。

【例 6.12】某校学生的学位课程有 4 门，若有一门不及格，就不能获得学位。要求使用指针函数来实现，输出不能获得学位的学生课程绩表。程序如下：

```
#include <stdio.h>
int main()
{
 float score[3][4]={{70,80,85,90},{75,82,88,92},{77,56,85,95}};
 float *search(float (*p)[4]);
 float *pt;                          //定义一个列指针变量 pt
```

```
    int i,j;
    for(i=0;i<3;i++)
        {pt=search(score+i);                    //定义列指针变量 p_col
         if(pt==*(score+i))                      //至少有一门课不及格
            {for(j=0;j<4;j++)
                printf("%5.1f ",*(pt+j));
             printf("\n");
            }
        }
    return 0;
}
float *search(float (*p)[4])                     //定义指向函数的行指针变量 p
{
    int j;
    float *p_col;                                //定义列指针变量 p_col
    p_col=*(p+1);
    for(j=0;j<4;j++)
        if(*(*p+j)<60)                            //某门学位课程不及格
            p_col=*p;                             //使列指针变量 p_col 指向 p
    return p_col;
}
```

程序运行结果如图 6.20 所示。

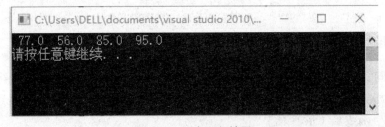

图 6.20　程序运行结果

说明：

（1）在主函数中定义一个指针型函数 search，定义一个列指针变量 pt。用行指针 score+i 作实参调用 search( )指针函数，将实参复制到形参 p（行指针变量）中，使指向函数的行指针变量 p 指向数组 score 的第 i 行。

（2）在指针函数 search 中定义一个指针型函数 search，也定义一个指向函数的行指针变量 p，又定义一个列指针变量 p_col，用来指向数组 score 的第 i 行第 0 列，使指针由行转换为列。由于*p+j 是指向二维数组 score 的第 i 行第 j 列的地址，故*(*p+j) 就是指向二维数组 score 元素 score[i][j]的值。

152

6.4.3 指向函数的指针

可以用指针变量指向整型变量、字符串和数组，也可以指向一个函数。一个函数在编译时被分配给一个入口地址。这个入口地址称为函数的指针。可以用一个指针变量指向函数，然后通过该指针变量调用此函数。

格式：

数据类型 (*指针变量名) ();

功能：定义一个指向函数入口的指针变量，其中数据类型为函数返回值的类型，（*指针变量名）两边的括号不能缺省。

说明：

（1）(*p)()表示定义一个指向函数的指针变量，用来存放函数的入口地址。哪一个函数的地址赋给函数指针变量 p，它就指向哪一个函数。在一个程序中，一个函数指针变量可以指向不同的函数。

（2）给函数指针变量赋值时，只需给出函数名，函数名代表该函数的入口地址。

（3）用函数指针变量调用函数时，只需用(*p)代替函数名，而在(*p)之后的括弧中根据需要写上实参。

【例 6.13】用函数指针变量实现给变量 a 和 b 输入两个整型数据，并输出最大值。程序如下：

```c
#include <stdio.h>
int    main()
{
 int a,b,c;
 int (*p)();
 int fmax(int i,int j);
 p=fmax;
 scanf("%d, %d",&a,&b);
 c=(*p)(a,b);
 printf("a=%d, b=%d, max=%d\n",a,b,c);
 return 0;
}
int fmax(int i,int j)
{
 int temp;
 if(i>j) temp=i;
 else temp=j;
 return temp;
}
```

程序运行结果如图 6.21 所示。

图 6.21　程序运行结果

说明：

（1）在主函数中定义 p=fmax，将函数 fmax 的入口地址赋给函数指针变量 p，p 就是指向函数 fmax 的指针变量。

（2）在用函数指针变量调用函数 fmax 时，用(*p)代替函数名 fmax。

6.5　字符指针

字符串实际上是内存中一段连续的字节单元存储的字符，用 '\0' 作为结束标志。只要知道字符串首地址，就可以通过指针的移动来存取字符串中的每一个字符，直至字符串结束标志 '\0'。因此，可以用字符串指针来表示字符串。

6.5.1 字符串的指针

在 C 语言中，可用两种方法表示一个字符串。一种是用字符数组，另一种是用字符串指针变量。字符串指针的应用是将字符串常量按字符数组处理，在内存中开辟一个字符数组存放字符串常量，并把字符数组的首地址赋值给字符串指针变量。

【例 6.14】使用字符指针变量来表示一个字符串。程序如下：

```c
#include <stdio.h>
int main()
{
    char string[]="I Like C Language";      //定义一个字符数组并赋值
    char *p;                                  //定义指向字符串的字符指针变量 p
    p=string;                                 //字符串首地址赋给字符指针变量 p
    printf("string[]=%s\n",string);
    printf("p=%s\n",p);
    return 0;
}
```

程序运行结果如图 6.22 所示。

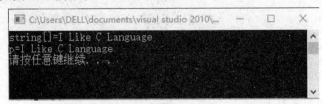

图 6.22　程序运行结果

154

说明：

（1）在主函数中定义一个字符数组 string[]，并赋初值；又定义指向字符串的字符指标变量 p，并将 string[]起始地址赋给 p，即 p 指向字符串。

（2）程序中用 string 和 p 分别输出字符串，结果相同。

【例 6.15】使用字符指针来表示和逐个字符输出一个字符串。程序如下：

```
#include <stdio.h>
int main()
{
  char string[]="I Like C Language";              //定义字符数组并赋值
  char *p;
  p=string;
  for(p=string;*p!='\0';p++)
      printf("%c",*p);
  printf("\n");
return 0;
}
```

程序运行结果如图 6.23 所示。

图 6.23　程序运行结果

说明：字符数组 string[]和字符指针变量 p 的定义与例 7.12 相同。在其 for 循环语句中，循环初值为 p 指向字符串第一个字符 I，循环判断条件为 p 所指向的字符(*p)是否等于结束标志 "\0"。如果不等于，执行表达式 p++，使 p 指向下一个元素。

6.5.2　字符数组和字符指针变量的区别

虽然用字符数组和字符指针变量都能实现字符串的存储和处理，但二者的存储内容和赋值方式均不相同，具体如下：

（1）存储内容不同。在字符数组中存储的是字符串本身（数组的每个元素存放一个字符），而字符指针变量中存储的是字符串的起始地址。

（2）赋值方式不同。对字符数组，虽然可以在定义时初始化，但不能用赋值语句整体赋值，例如：

```
char string[20];
string="C Language";                             //字符数组非法赋值
```

对于字符串指针变量，可以采用赋值语句整体赋值：

```
char *p;
p="C Language";                                    //字符数组赋值合法
```

（3）数组名代表数组的起始地址，是一个常量，常量是不能被改变的，而指针变量的值可以改变。同理，字符指针变量的值也可以改变。

6.6 本章小结

本章介绍了指针的基本概念和初步应用。指针是 C 语言最灵活的部分，使用指针具有提高程序效率、实现动态存储分配等优点。但它非常容易出错，而且这种错误往往难以发现，因此使用指针时必须小心谨慎，并积累经验。

1. 指针的数据类型

本章所介绍的指针类型如表 6.1 所示。

表 6.1　C 语言常用指针的数据类型

定义	名称	含义
int *p;	指向变量的指针	p 为指向整型数据的指针变量
int *p[n];	指针数组	定义指针数组 p，它由 n 个指向整型数据的指针元素组成
int (*p)[n];	指向一维数组的指针变量	p 为指向含 n 个元素的一维数组的行指针变量
int *p( );	返回指针的函数	p 为带回一个指针的函数，改指针指向整型数据
int (*p)( );	指向函数的指针	p 为指向函数的指针，该函数返回一个整型值

2. 指针运算

（1）变量的取地址运算&和指针的指向运算＊。

变量的取地址运算&可以获得变量的内存地址；指针的指向运算＊可对该指针指向的存储单元进行存取操作。

（2）指针变量的赋值运算。

使用指针变量之前必须给指针变量赋值的方法：向指针变量直接送地址，函数调用时由实参向形参送地址。虽然地址值是整数，但不允许直接向指针变量送普通值，这样会引起混乱。

（3）指针变量的自增、自减运算和指针加减整数的运算。

指针变量可以进行自增、自减运算和指针加减整数的运算，但只适用于对连续存储单元（如数组）的地址运算，其结果仍为地址。

指针算术运算的基本单位是它所指向变量的长度，如果一个指针变量指向 int 型数据，则它的增量以 4 个字节为基本单位；如果一个指针变量指向 double 型数据，则它的增量以 8 个字节为基本单位。

（4）指向同一数组的两个指针相减运算。

如果两个指针变量指向同一个数组的不同元素，则两个指针变量值之差是两个指针之间的元素个数。

（5）指针的关系运算。

如果两个指针变量指向同一个数组的不同元素，则两个指针变量可以进行关系运算。指向前面元素的指针变量"小于"指向后面元素的指针变量。

3. 指针和函数

指针与函数的关系体现在三个方面：一是指针可以作为函数的参数，用来将一个变量的地址传递给被调函数；二是函数的返回值可以是指针；三是指针可以指向函数。

指针作为函数的参数，本质上仍通过"值传递"的方式，将实参的地址值传递给形参变量，在被调函数中改变了的值能够被主调函数使用，因此可以得到多个可改变的值。

本章知识结构如图 6.24 所示。

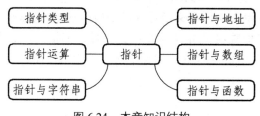

图 6.24　本章知识结构

实训 6　指　针

一、实训目的

1. 熟悉指针和指针变量的概念。

2. 学习和掌握使用指针变量进行程序设计的方法。

3. 理解指针和一维数组的关系，掌握指向一维数组的指针变量的定义方法。熟练使用指针变量访问一维数组元素。

4. 理解指针与字符串的关系，掌握使用指针对字符串进行操作的方法。

5. 掌握使用函数指针进行程序设计的方法。

二、实训内容

下列各题要求用指针方法实现。

1. 编写一个通用的统计函数，统计此字符串中字母、数字、空格和其他字符的个数，函数返回值为统计结果。在主函数中输入字符串。

提示：字符串存放在数组中，通过定义字符串指针来指向字符数组的首地址;通过循环控制指针移动指向每一个字符，并对每一个字符进行判断，根据判断结果，使相应变量计数器累加 1。

2. 不使用字符串连接函数，用指针来实现两个字符串的连接。在主函数中输入长度不超过 30 个字符的两个字符串。

提示：通过定义字符串指针来指向字符数组的首地址。可定义两个指针 p1 和 p2，分别指向字符数组（字符串）。再输入两个字符串，将字符串 p2 中的字符逐个复制到 p1 字符串之后，在 p1 指向的字符串尾部，添加字符串结束标志'\0'。

3. 某竞赛活动小组由 3 个同学，请找出其中至少有一项成绩不合格者。要求使用指针函数实现。

提示：（1）一个函数可以返回一个指针类型的数据，定义一个指针型函数，用来判断是否有不合格成绩。这个指针型函数的形参指向由 3 个实型元素组成的一维数组的行指针变量。

（2）在主函数中定义一个数组，用来存放这 3 个人的各项成绩，再定义一个列指针。整个程序用数组的行指针作实参来调用指针型函数，使指向函数的行指针变量指向数组的第 i 行；在指针型函数中再定义一个列指针变量，用来指向数组的第 i 行第 0 列，使指针由行转换为列。

4. 用指针变量来实现求解一维实型数组中的最大值、最小值和平均值。

提示：（1）在一维数组中，可定义指针变量来指向数组的首地址。

（2）定义一个一维实型数组,再定义两个指针变量，都指向该数组的首地址；用指针变量表示数组中的最大值和最小值的地址，数组各元素的累加值除以数组的元素即为数组的平均值。

习题 6

一、填空题

1. "*" 称为_____运算符，"＆" 称为_____运算符。

2. 若函数的形参为指针变量，则实参可以为变量的地址、_____或_____。

3. 设 int a[10],*p=a;对 a[2]的正确引用是 p[_____] 或 *(p_____)。

4. 设有函数定义为

```
void m(int n, int p){
……
}
```

依次对应整型变量 r、s，则调用该函数的语句为_____。

5. 设有以下语句：

```
int    a[3][2]={1,2,3,4,5,6};
int    (*p)[2];
p=a;
```

则 *（*(p+1)+1)的值是____，*(p+2)是元素_____的地址。

6. 以下函数用来求出两个整数之和，并通过形参将结果传回，划线部分应填入_____。

```
void fun(int x, int y,_____z){
    *z=x+y;
}
```

7. 若有以下定义，则不移动指针 p，且通过指针 p 访问元素值为 72 的表达式是_____。

158

```
int w[10]={23，54，10，33，47，97，72，70，61，102},*p = w;
```

8. 下面程序段的输出结果是＿＿＿＿＿＿＿。

```
char str [20]="abcd", *p=str;
p++;puts(strcat(p, "ABCD"));
```

9. 若有以下定义语句：

```
int a[3][2]={{1,3,5},{7,9,11}},(*p)[2];
p=a;
```
则*p(*(p+2)+1)的值为＿＿＿＿＿＿＿。

10. 若有以下定义的语句：

```
int a[]={1,2,3,4,5,6},*p=a;
```
则*p(++p)++的值为＿＿＿＿＿＿＿。

11. 以下程序输出结果是＿＿＿＿＿＿＿。

```
#include <stdio.h>
int main()
{int a={1,3,5,7,9,11},*p=a; p++;
printf("%d\n",*(p+3));
return 0;
}
```

12. 以下程序的输出结果是＿＿＿＿＿＿。

```
#include <stdio.h>
int main()
{int **p,*q,i=10;
 q=&i;
 p=&q;
 printf("%d\n",**p);
 return 0;
}
```

13. 设有语句 char *a="Hello";printf("%s",a);输出结果是＿＿＿＿＿＿，而 printf("%c",*a); 的输出是＿＿＿＿＿＿。

14. 已知 int a[5]={1，3，5，7，9}，*p=a;，表达式：*p+3 的值是＿＿＿＿＿。

15. 下面程序段的输出结果是＿＿＿＿＿＿＿。

```
char str[ ]="abc\0def\0ghi", *p=str;
printf("%s", p+5);
```

16. 要释放系统动态申请的存储空间，应用函数＿＿＿＿＿。

17. 已知 int a[3][3]={1,2,3,4,5,6,7,8,9};，*(*(a+2)+1)的值是＿＿＿＿＿。

18. 设 int k[ ]={2,4,6,8,10,12}，*p=k+2;，表达式*(p+2)的值为＿＿＿＿＿。

19. 在 C 语言中，实现对字符串操作的方法有两种：用＿＿＿＿＿实现和用＿＿＿＿＿实现。

20. 已知 char str[ ]= " input " ;，printf("%s"，str+2);的输出结果是＿＿＿＿＿。

159

二、选择题

1. 若有以下定义：

```
int arry[10]={1,2,3,4,5,6,7,8,9,10};
*p=a;
```

则数值为 6 的表达式是（   ）。

        A. p+5   B.*p+6   C.*(p+6)   D.*p+=5

2. 设有以下定义：

```
int (*p)();
```

以下叙述中正确的是（   ）。

        A. p 是指向一维数组的指针变量

        B. p 是指向 int 型数据的指针变量

        C. p 是指向函数的指针，该函数返回一个 int 型数据

        D. p 是一个函数名，该函数的返回值是指向 int 型数据的指针

3. 设有以下定义：

```
int (*p)[3];
```

则以下叙述中正确的是（   ）。

        A. p 是 3 个指向整型变量的指针

        B. p 是指向 3 个整型变量的函数指针

        C. p 是一个指向具有 3 个整型元素的一维数组的指针

        D. p 是具有 3 个指针元素的一维指针数组，每一个元素只能指向整型量

4. 设有如下定义：

```
int i,j=3, *p=&i;
```

则与 i=j; 等价的语句是（   ）。

        A. i=*p;   B. *p=*&j;   C. i=&j;   D. i=**p;

5. 设有以下定义：

```
int a[3][4]={{0,1},{3,5},{7,9}};
int (*p)[4]=a;
```

则数值为 5 的表达式是（   ）。

        A. *a[1]+1   B. p++,*(p+1)   C. p[1][1]   D. a[2][2]

6. 设 p1 和 p2 是指向同一个 int 型一维数组的指针变量，k 为 int 型变量，则不能正确执行的语句是（   ）。

        A. k=*p1+*p2;   B. p2=k;   C. p1=p2;   D. k=*p1*(*p2);

7. 执行以下程序段后，c 的值为（   ）。

```
int array[2][3]={{1,2,3},{4,5,6}};
int c,*p;
p=&array[0][0];
c=(*p)*(*(p+2))*(*p+4);
```

        A. 15   B. 14   C. 13   D. 12

8. 设有以下源程序：

```
#include <stdio.h>
int    main()
{char a[]="programming",b[]="language";
  char *p1=a,*p2=b;
  int i;
  for(i=0;i<7;i++)
      if(*(p1+i)==*(p2+i))
            printf("%c",*(p1+i));
  return 0;
  }
```

则输出结果是(   )。

    A. gm   B. rg   C. or   D. ga

9. 已知 int *p,a;，语句 "p=& a;" 中的运算符 "&" 的含义是（   ）。

    A. 位与运算   B. 逻辑与运算   C. 取指针内容   D. 取变量地址

10. 有定义 float x;，以下对指针变量 p 定义且赋初值的语句中正确的是（   ）。

    A . float *p=1024   B. int *p=(float x);

    C. float p=&a;   D. float " *p=&x;

11. 若有定义语句 double x[5]={1.0，2.0，3.0，4.0，5.0}，*p=x;，错误引用 x 数组元素的是（   ）。

    A. *p   B. x[5]   C. *(p+1)   D. *x

12. 对于两个类型相同的指针变量，不能进行（   ）运算。

    A. +   B. -   C. =   D. ==

13. 下面各语句行中，能正确进行赋字符串操作的语句是（   ）。

    A. char st[4][5]={"ABCDE"};   B. char s[5]={'A', 'B', 'C', 'D', 'E'};

    C. char *s; s="ABCDE";   D. char *s; scanf("%s",s);

14. 设 p1 和 p2 均为指向同一个 int 型一维数组元素的指针变量，k 为 int 型变量，下列不正确的语句是（   ）。

    A. k=*p1+*p2;   B. k=*p1*(*p2);   C. p2=k;   D. p1=p2;

15. 指针 s 所指的字符串的长度为（   ）。

```
char *s="\t\'Name\\Address\n";
```

    A. 19   B. 18   C. 15   D. 17

16. 若有以下定义，则表达式 *++p 的值是（   ）。

```
int a[5]={10,20,3040,50},*p=&a[l];
```

    A. 40   B. 30   C. 21   D.31

17. 若有以下定义，则表达式 ++*p 的值是（   ）。

```
int a[5]={10,20,3040,50},*p=&a[l];
```

    A. 20   B. 30   C. 21   D. 31

18. 已知 char s[10], *p=s;，以下选项错误的语句是（   ）。

    A. p = s+5;   B. s = p+5;   C. s[2] = p[4];   D. *p = s[0];

19. 已知 int i, j = 8, *p=&i，与 i = j;等价语句是（　　　）。

  A. i = *p;   B. *p=i;   C. i = &j;   D. i = **p;

20. 已知 p1、p2 指向同一数组不同元素的指针变量，则以下表达式无意义的是（　　　）。

  A. p1-p2   B. p1+p2   C. p1>p2   D. p1=p2

三、阅读程序题

1. 想输出数组 a 的 5 个元素，用以下程序行吗？为什么？如不行，请修改程序。

```c
#include <stdio.h>
int main()
{int a[5]={1,3,5,7,9};
 int i;
 for(i=0;i<5;i++)
     printf("%d ",*a);
 return 0;
}
```

2. 分析程序，说明输出结果。

```c
#include <stdio.h>
int main()
{ char *s[]={"java","vc","vB","c"};
  char **p=s;
  int i;
  for(i=0;i<3;i++)
  printf("%s",(p+1)[i]);
  return 0;
}
```

3. 分析程序，说明输出结果。

```c
#include <stdio.h>
int main()
{ int a[]={1,2,3,4,5,6},*p;
  p=a;
  *(p+3)+=2;
  printf("%d,%d\n",*p,*(p+3));
  return 0;
}
```

四、程序设计（要求用指针方法实现）

1. 编写一个程序，判定一个字符在一个字符串中出现的次数。如果该字符不出现，则返回 0。

2. 编写一个程序，输入 6 个整型数据存入一维数组，再按由小到大的顺序重新排列数组，并输出该数组。

3. 有 n 个人围成一圈，从 1 开始顺序编号，从第 1 个人开始报数，从 1 报到 3，凡是报 3

的人退出圈子，问最后留下的人是原来的几号。

4. 编写一个函数 compare，实现两个字符串的比较。函数的调用形式为 compare(str1,str2);如果 str1>str2，函数返回值为正数；若 str1=str2，函数返回值为 0；若 str1<str2，函数返回值为负数。

5. 从键盘输入 10 名学生的成绩，计算并输出其中的最高分、最低分及平均成绩。

6. 输入一个字符串，按相反次序输出其中所有字符。

7. 有一字符串 s1，包含 m 个字符。写一函数，将字符串 s1 中的前 n 个字符连接到另字符串 s2 的尾端。

8. 输入 10 个整数，将其中最大数与最后一个数交换，最小数与第一个数交换。

9. 不准使用 strlen 函数，编一个函数求输入的字符串长度。

10. 编程判断输入的字符串是否为"回文"。所谓"回文"，是指读和倒读都一样的字符串，如"XYZYX"。

11. 输入一字符串，将字符串中的大写字母转换成小写字母，并显示转换后的字符串。

12. 下面函数 fun 的功能是将 10 名学生的成绩从高分到低分排序，并统计及格与不及格的人数。函数形式为：

```
int fun(int s[ ],int *x);
```

请编程实现上述功能。

第 7 章 结构体与共用体

前面我们学习了一种十分有用的数据结构——数组，但数组只能用来存放一组相同类型的数据。实际应用中，一组数据通常是由不同类型的数据组成的。为此，C 语言提供了"结构体"数据类型，它可以把多个数据项组合起来，作为一个整体数据进行处理。本章首先介绍结构体类型和结构体类型变量的概念和定义，然后着重介绍结构体数组、指向结构体类型数据的指针、链表、共用体的概念和枚举型变量的定义，最后介绍用户自定义类型（typedef）。

【学习目标】

- 掌握结构体的定义和成员的访问
- 掌握传递结构体变量给函数
- 掌握函数返回结构体变量
- 掌握结构体数组的定义和使用
- 掌握枚举的定义和使用

7.1 结构体类型和结构体变量

日常生活中，我们通常要处理某个实体的综合信息。比如，要描述一个学生，需要从学生的学号、姓名、年龄、成绩等方面进行描述。若用 C 语言的基本数据类型来表达，不仅需要用到很多基本类型的变量，同时操作系统需要记忆很多的变量名。若再进一步描述多个学生的这些信息，可想而知，到最后我们自己都很难搞清楚变量和某个学生的对应关系了。为了解决这个问题，C 语言提供了结构体类型。

结构体是一种构造数据类型，它可以描述同一实体不同特征的数据构造成一个整体的数据类型。结构体类型是一种自定义类型，在使用之前，需要先定义。

7.1.1 结构体类型及其定义

定义一个结构体类型的一般格式：

```
struct 结构体类型名                    //struct 是定义结构体类型的关键字
{
    数据类型 成员 1;
    数据类型 成员 2;
    ……
```

数据类型　成员 *n*；

　　};

　　若干个成员（即数据项）组成结构体类型定义的核心，称为成员表列。每个成员都是该结构体的一个组成部分。对每个成员必须进行类型说明，格式与同类型变量的声明相同。

　　说明：

　　（1）结构体类型名需符合标识符的命名规则。

　　（2）结构体成员的数据类型必须是基本类型或是已经定义的数据类型。

　　（3）使用结构体类型时，"struct 结构体名"作为一个整体，表示名字为"结构体名"的结构体类型。

　　【例 7.1】定义一个反映学生基本情况的结构体类型存于 struct.h 文件中，用以存储学生的相关信息。具体代码如下：

```
struct date              //日期结构体类型，由年、月、日 3 项组成
{
    int month;
    int day;
    int year;
};
struct std_info          //学生信息结构体类型，由学号、姓名、性别和生日 4 项组成
{
    char num[7];
    char name[9];
    char sex[3];
    struct date birthday;
};
struct score             //学生成绩结构体类型，由学号和 3 门成绩共 4 项组成
{
    char num[7];
    int score1;
    int score2;
    int score3;
};
```

　　说明：

　　（1）"结构体名"和"数据项"的命名规则，与变量名相同。

　　（2）数据类型相同的数据项，既可逐个定义，也可合并成一行定义。例如上例中的日期结构体类型，也可如下定义：

```
struct date
{   int month，day，year;    };
```

　　（3）结构体类型中的成员，既可以是基本数据类型，也可以是另一个已经定义的结构体类型。例如上例中的结构体类型 struct std_info，其成员 "birthday" 是一个已经定义的日期结

构体类型 struct date。

7.1.2 结构体类型变量的定义

用户自己定义的结构体类型，与系统定义的标准类型一样，是可以用来定义结构体类型的变量。结构体变量的定义有 3 种方法。

1. 先定义结构体类型，再定义结构体变量

这种形式的使用方法是：

```
struct   结构体名   变量名列表；
```

例如：

```
struct stu
{
    int num;
    char name[20];
    char sex;
    float score;
};
struct stu boy1,boy2;
```

说明了两个变量 boy1 和 boy2 为 struct stu 结构类型。

2. 在定义结构体类型的同时定义结构体变量

这种形式的使用方法是：

```
struct  结构体名
{
     成员列表
}变量名表列；
```

例如：

```
struct stu
{
    int num;
    char name[20];
    char sex;
    float score;
}boy1,boy2;
```

3. 定义结构体类型时不指定结构体类型名，直接定义结构体变量

这种形式的使用方法是：

```
struct
{
```

```
        成员表列
}变量名表列;
    例如：
struct
{
    int num;
    char name[20];
    char sex;
    float score;
}boy1,boy2;
```

第三种方法与第二种方法的区别仅在于第三种方法中省去了结构体名，而直接定义结构体变量。这种方法定义的结构体类型在程序后面不可使用，因为缺少完整的结构体类型名。

说明：

（1）一个结构体变量在内存中占据一块连续的存储空间，存储空间的大小理论上是结构体各成员的存储空间的大小的总和。三种方法中定义的 boy1、boy2 变量都具有如图 7.1 所示的结构。

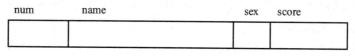

图 7.1　结构体变量存储单元

（2）成员如果是一个结构体类型，即构成了嵌套的结构体类型。例如例 7.1 中的 struct std_info 结构体类型，首先定义一个结构体类型 struct date，由 month（月）、day（日）、year（年）3 个成员组成，然后定义结构体类型 struct std_info，其成员 birthday 被说明为 struct date 结构体类型。其变量的定义如下：

```
struct std_info boy1,boy2;
```

变量 boy1、boy2 变量的存储结构示意图如图 7.2 所示。

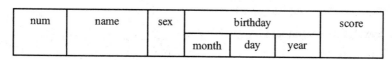

图 7.2　嵌套的结构体变量存储结构

（3）结构体名、成员名可与程序中其他变量同名，互不干扰。

7.1.3　结构体类型变量的初始化及成员的引用

1. 结构体变量的初始化

在定义结构体变量的同时可以进行初始化，方式与一维数组相似：

```
结构体类型名　结构体变量 ={ 初值表 }
```

例如：

```
struct date date1={ 11,25,1999 };
```

不同的是，如果某成员本身又是结构体类型，则该成员的初值为一个初值表。例如：

struct std_info stu1={"000102","张三"，"男"，{9,20,1980}}。

这里要求初值的数据类型，应与结构体变量中相应成员要求的类型一致。

2. 结构体变量成员的引用规则

对于结构体变量的引用要通过成员运算符"."，逐个访问其成员，一般格式：

结构体变量名.成员名

如果某成员本身又是一个结构类型，则要通过多级分量运算，对最低一级的成员进行引用。引用格式扩展如下：

结构体变量名.成员名.子成员.….最低一级子成员

例如，引用结构体变量 student 中的 birthday 成员的格式为：

student.birthday.year

student.birthday.month

student.birthday.day

说明：

（1）对最低一级成员可像同类型的普通变量一样，进行相应的运算。

（2）既可引用结构体变量成员的地址，也可引用结构体变量的地址，例如：

&student.name，&student。

【例 7.2】利用例 7.1 中定义的结构类型 struct std_info，定义一个结构体变量 student，用于存储和显示一个学生的基本情况。程序如下：

```
#include<stdio.h>
#include<struct.h>              //定义并初始化外部结构体变量 student
struct std_info student={"000102","张三","男",{9,20,2002}};
int main()
{
    printf("Num:%s\n",student.num);
    printf("Name:%s\n",student.name);
    printf("Sex:%s\n",student.sex);
    printf("Birthday:%d-%d-%d\n",student.birthday.year,
        student.birthday.month,student.birthday.day);
    return 0;
}
```

程序运行结果如图 7.3 所示。

图 7.3　程序运行结果

168

7.2 结构体数组

单个结构体类型变量在解决实际问题时作用不大，一般是以结构体类型数组的形式出现。结构体数组的每一个元素，都是结构体类型数据，均包含结构体类型的所有成员。结构体数组名代表结构体数组在内存中的首地址，每个数组元素在内存中的地址也是按照数组元素下标的顺序连续的。结构体数组即数组元素为结构体变量的数组。

7.2.1 结构体数组的定义及引用

数组元素也可以是结构体类型，因此可以构成结构体数组。结构体数组的每一个元素都是具有相同结构类型的结构体变量。在实际应用中，经常用结构体数组来表示具有相同数据结构的一个群体，譬如一个班的学生档案、一个车间职工的工资表等。定义方法与定义结构体变量相似，需说明它为数组类型。

例如：

```
struct stu                          //定义学生结构体类型
{
    char name[20];                  //学生姓名
    char sex;                       //性别
    long num;                       //学号
    float score[3];                 //三科考试成绩
};
struct stu stud[20];                //定义结构体类型数组 stud
```

其数组元素各成员引用形式：

```
stud[0].name 或 stud[0].sex 或 stud[0].score[i];
stud[1].name 或 stud[1].sex 或 stud[1].score[i];
......
stud[19].name 或 stud[19].sex 或 stud[19].score[i];
```

7.2.2 结构体数组的初始化

与普通数组一样，结构体数组也可在定义时初始化。一般格式：

结构体数组[n]={{初值表 1}，{初值表 2}，…，{初值表 n}}；

例如：

```
struct stu
{
    int num;
    char *name;
    char sex;
    float score;
```

169

```
}boy[5]={{101,"Li ping",'M',45},
        {102,"Zhang ping",'M',62.5},
        {103,"He fang",'F',92.5},
        {104,"Cheng ling",'F',87},
        {105,"Wang ming",'M',58}};
```

当对全部元素作初始化赋值时，也可不给出数组长度。

7.2.3 结构体数组的应用

【例7.3】计算学生的平均成绩和不及格人数。程序如下：

```
#include<stdio.h>
struct stu
{
  int num;
  char *name;
  char sex;
  float score;
}boy[5]={{101,"Li ping",'M',45},
        {102,"Zhang ping",'M',62.5},
        {103,"He fang",'F',92.5},
        {104,"Cheng ling",'F',87},
        {105,"Wang ming",'M',58}};
void main()
{
    int i,c=0;
    float ave,s=0;
    for(i=0;i<5;i++)
    {
        s+=boy[i].score;
        if(boy[i].score<60) c+=1;
    }
    printf("s=%f\n",s);
    ave=s/5;
    printf("average=%f\ncount=%d\n",ave,c);
}
```

程序运行结果如图 7.4 所示。

图 7.4　程序运行结果

说明：程序中定义了一个外部结构体数组 boy，共 5 个元素，并初始化赋值。在主函数 main 中用 for 语句逐个累加各元素的 score 成员值存于 s 之中，且判断 score 的值小于 60（不及格），计数器 c 加 1，循环完毕后计算平均成绩，并输出全班总分、平均分及不及格人数。

【例 7.4】建立同学通信录。程序如下：

```
#include<stdio.h>
#define NUM 3                                    //宏定义，用 NUM 代替 3
struct mem
{    char name[20];
     char phone[11];
};
int main()
{
     struct mem man[NUM];
     int i;
     for(i=0;i<NUM;i++)
     {
       printf("No.%d:\n",i+1);
       printf(" input name: ");
       gets(man[i].name);
       printf(" input phone:");
       gets(man[i].phone);
     }
     printf("\n\t\t 通讯录\n");
     printf("-----------------------------------------------\n");
     printf("| %-20s\t\tphone\t\t|\n","name");
     printf("-----------------------------------------------\n");
     for(i=0;i<NUM;i++)
     {
         printf("| %-20s\t\t%.11s\t|\n",man[i].name,man[i].phone);
         printf("-----------------------------------------------\n");
     }
```

171

```
        return 0;
}
```
程序运行结果如图 7.5 所示。

图 7.5　程序运行结果

说明：本程序中定义了一个结构体类型 struct mem，它的两个成员 name 和 phone 分别用
来表示姓名和电话号码。在主函数中定义 man 为具有 struct mem 类型的结构体数组。在 for
语句中，用 gets 函数输入各个元素中两个成员的值。然后又在 for 语句中用 printf 语句输出。

7.3　结构体指针

结构体变量或数组是内存中的对象，因此可以通过指针进行访问。指向结构体变量的指
针称为结构体指针，是指结构体变量在内存中的起始地址。

7.3.1　指向结构体变量的指针

一个指针变量用来指向一个结构体变量时，称之为结构体指针变量。结构体指针变量中
的值是所指向的结构体变量的首地址。通过结构体指针即可访问该结构体变量，这与数组指
针和函数指针的应用相同。结构体指针变量说明的一般格式：

struct 结构体名 *结构体指针变量名;

例如：

struct stu   s1,*pstu;

pstu=&s1;

结构体指针变量也要先赋值才能使用。赋值是把结构体变量的首地址赋予该指针变量，
不能把结构名赋予该指针变量。上述语句中将结构体变量 s1 的地址赋值给指向结构体变量的
指针变量 pstu。

结构体名和结构体变量是两个不同的概念，不能混淆。结构体名只能表示一个结构形式，编译系统并不对它分配内存空间。只有当某变量被说明为该类型的结构时，才对该变量分配存储空间。有了结构体指针变量，就能方便地访问结构体变量的各个成员。访问的一般格式：

(*结构体指针变量).成员名

或为：

结构体指针变量->成员名

例如

: (*pstu).num

或者：

pstu->num

应该注意(*pstu)两侧的括号不能少，因为成员符"."的优先级高于"*"。下面通过例子来说明结构体指针变量的具体说明和使用方法。

【例 7.5】指向结构体变量的指针的应用。程序如下：

```
#include<stdio.h>
struct stu
{
int num;
char *name;
char sex;
float score;
}boy1={102,"Zhang ping",'M',78.5},*pstu;
//这里的*pstu 定义了一个指向 stu 类型结构的指针变量 pstu
int main()
{
pstu=&boy1;
printf("Number=%d\nName=%s\n",boy1.num,boy1.name);
printf("Sex=%c\nScore=%f\n\n",boy1.sex,boy1.score);
printf("Number=%d\nName=%s\n",(*pstu).num,(*pstu).name);
printf("Sex=%c\nScore=%f\n\n",(*pstu).sex,(*pstu).score);
printf("Number=%d\nName=%s\n",pstu->num,pstu->name);
printf("Sex=%c\nScore=%f\n\n",pstu->sex,pstu->score);
return 0;
}
```

程序运行结果如图 7.6 所示。

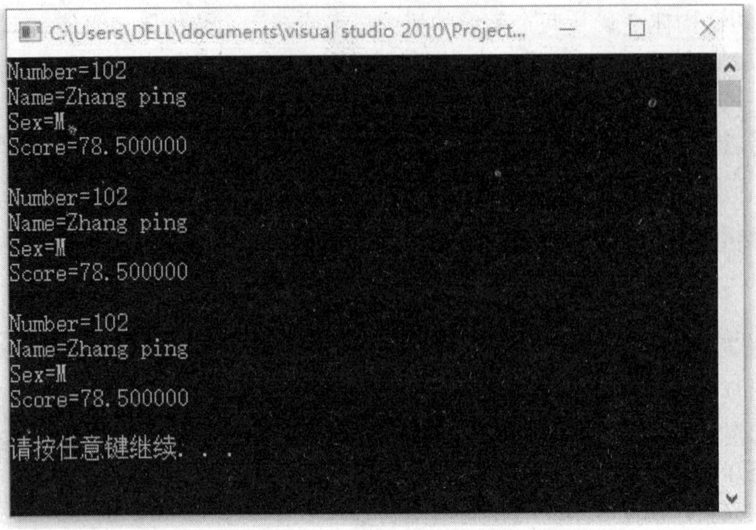

图 7.6 程序运行结果

说明：程序定义了一个结构 stu，定义了 stu 类型结构体变量 boy1，并初始化赋值，还定义了一个指向 stu 类型结构的指针变量 pstu。在主函数 main 中，pstu 被赋予 boy1 地址，因此 pstu 指向 boy1。然后在 printf 语句中用了三种形式输出 boy1 各成员值。从运行结果可以看出，结构体变量.成员名、(*结构体指针变量).成员名与结构体指针变量→成员名等效。

7.3.2 指向结构体数组的指针

指针变量可以指向一个结构体变量，也可以指向一个结构体数组。指向结构体数组的指针变量的值是整个结构体数组的首地址。结构体指针变量也可指向结构体数组的一个元素，这时结构体指针变量的值是该结构体数组元素的首地址。

设 ps 是指向结构体数组的指针变量，则 ps 也指向该结构体数组的 0 号元素，ps+1 指向 1 号元素，ps+i 则指向 i 号元素。这与普通数组的情况是一致的。

【例 7.6】用指针变量输出结构体数组。程序如下：

```c
#include<stdio.h>
struct stu
{
int num;
char *name;
char sex;
float score;
}boy[5]={{101,"Zhou ping",'M',45},
        {102,"Zhang ping",'M',62.5},
        {103,"Liou fang",'F',92.5},
        {104,"Cheng ling",'F',87},
        {105,"Wang ming",'M',58}
```

```
              };
void main()
{
  struct stu *ps;
  printf("No\tName\t\t\tSex\tScore\t\n");
  for(ps=boy;ps<boy+5;ps++)
  printf("%d\t%s\t\t%c\t%f\t\n",ps->num,ps->name,ps->sex,ps->score);
}
```

程序运行结果如图 7.7 所示。

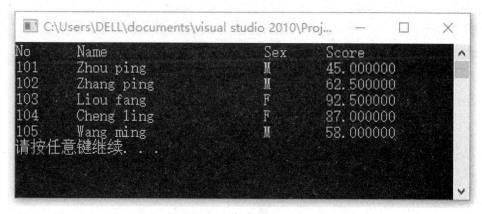

图 7.7　程序运行结果

说明：

（1）程序中定义了 stu 结构类型的外部数组 boy，并初始化赋值。在主函数 main 中定义
ps 为指向 stu 类型的指针。在循环语句 for 的表达式 1 中，ps 被赋予 boy 的首地址，然后循环
5 次，依次输出 boy 数组中各成员值。

（2）一个结构体指针变量可以用来访问结构体变量或结构体数组元素的成员，但是不能
使它指向一个成员，因为不允许取一个成员的地址赋予它。

（3）如果指针变量 p 指向某结构体数组，则 p+1 指向结构体数组的下一个元素，而不是
当前元素的下一个成员。

7.4　结构体与函数

结构体变量的成员项、结构体变量和结构体指针都可以作为函数的参数来应用。

1. 结构体变量的成员作为函数参数

由于结构体变量的成员存放的是基本数据类型的数据，这种情况同普通变量作为函数参
数一样，是值传递方式。函数调用时，需要注意实参与形参的数据类型要保持一致。

2. 结构体变量作为函数参数

结构体变量作实参时，采取的是值传递方式，将结构体变量所占的内存单元内容全部顺

序传递给形参。形参必须是同类型的结构体变量。在函数调用期间形参也要占用内存单元，这种传递方式在空间和时间上的开销较大，程序执行效率较低。因此，这种方式较少使用。

3. 结构体指针或结构体数组名作为函数参数

结构体指针或结构体数组名作为函数参数与普通指针或数组名作为函数参数类似，实现的是地址传递。这时由实参传向形参的只是地址，从而减少了时间和空间的开销。

【例 7.7】计算一组学生的平均成绩和不及格人数，用结构体指针变量作函数参数编程。程序如下：

```c
#include<stdio.h>
struct stu
{
    int num;
    char *name;
    char sex;
    float score;}boy[5]={ {101,"Li ping",'M',45},
                    {102,"Zhang ping",'M',62.5},
                    {103,"He fang",'F',92.5},
                    {104,"Cheng ling",'F',87},
                    {105,"Wang ming",'M',58}
                  };
void main()
{
    struct stu *ps;
    void ave(struct stu *ps);
    ps=boy;
    ave(ps);
}
void ave(struct stu *ps)
{
    int c=0,i;
    float ave,s=0;
    for(i=0;i<5;i++,ps++)
    {   s+=ps->score;
        if(ps->score<60) c+=1;
    }
    printf("s=%f\n",s);
    ave=s/5;
    printf("average=%f\ncount=%d\n",ave,c);
}
```

程序运行结果如图 7.8 所示。

图 7.8　程序运行结果

说明：程序中定义了函数 ave，其形参为结构体指针变量 ps。boy 被定义为外部结构体数组，在整个源程序中有效。在主函数 main 中定义说明了结构体指针变量 ps，并把 boy 的首地址赋予 ps，使 ps 指向 boy 数组。然后以 ps 作实参调用函数 ave。在函数 ave 中计算平均成绩，统计不及格人数，并输出结果。

由于全部采用指针变量作运算和处理，速度快，程序效率更高。

7.5　内存的动态分配

在数组一章中，曾介绍过数组的长度是预先定义的，在整个程序中固定不变。C 语言中不允许动态数组类型。例如：

```
int n;
scanf("%d",&n);
int a[n];
```

用变量表示长度，想对数组的大小作动态说明，这是错误的。但是在实际编程中，往往会发生这种情况，即所需的内存空间取决于实际输入的数据。对于这种问题，用数组的办法很难解决。因此，C 语言提供内存管理函数，可以按需要动态分配内存空间，也可以把不再使用的空间收回。常用内存管理函数有 3 个。

1. 分配内存空间函数 malloc

调用格式：

```
(类型说明符*)malloc(size)
```

功能：在内存的动态存储区中分配一块长度为 "size" 字节的连续区域，"size" 是一个无符号数。函数的返回值为该区域的首地址。"类型说明符" 表示把该区域用于何种数据类型。(类型说明符*)表示把返回值强制转换为该类型指针。例如：

```
pc=(char*)malloc(100);
```

表示分配 100 个字节大小的单元，并强制转换为字符数组类型，函数的返回值为指向该字符数组的指针，把该指针赋予指针变量 pc。

2. 分配内存空间函数 calloc

调用格式：

```
(类型说明符*)calloc(n,size)
```

功能：在内存动态存储区中分配 n 块长度为"size"字节的连续区域。函数的返回值为该区域的首地址。(类型说明符*)用于强制类型转换。函数 calloc 与 malloc 的区别仅在于一次可以分配 n 块区域。例如：

```
ps=(struet stu*)calloc(2,sizeof(struct stu));
```

其中的 sizeof(struct stu)是求 stu 的结构长度。因此该语句的意思是：按 stu 的长度分配 2 块连续区域，强制转换为 stu 类型，并把其首地址赋予指针变量 ps。

3. 释放内存空间函数 free

调用格式：

```
free(void*ptr);
```

功能：释放 ptr 所指向的一块内存空间，ptr 是一个任意类型的指针变量，它指向被释放区域的首地址。被释放区是由函数 malloc 或 calloc 分配的。

【例 7.8】分配一块区域，输入一个学生数据。程序如下：

```
#include<stdlib.h>
#include<stdio.h>
void main()
{
    struct stu
    {       int num;
            char *name;
            char sex;
            float score;
    }*ps;
    ps=(struct stu*)malloc(sizeof(struct stu));
    ps->num=102;
    ps->name="Zhang ping";
    ps->sex='M';
    ps->score=62.5;
    printf("Number=%d\nName=%s\n",ps->num,ps->name);
    printf("Sex=%c\nScore=%f\n",ps->sex,ps->score);
    free(ps);
}
```

程序运行结果如图 7.9 所示。

图 7.9　程序运行结果

说明：这里定义了 stu 结构，定义了 stu 类型指针变量 ps。然后分配一块 stu 结构的内存区，并把首地址赋予 ps，使 ps 指向该区域。再以 ps 作为指向结构的指针变量对各成员赋值，并用 printf 输出各成员值。最后用 free 函数释放 ps 指向的内存空间。整个程序包含了申请内存空间、使用内存空间、释放内存空间三个步骤，实现了存储空间的动态分配与管理。

7.6 链 表

7.6.1 链表的概念

在例 7.8 中采用动态分配的办法为一个结构分配内存空间。每一次分配一块空间，用来存放一个学生的数据，可称为一个结点。有多少个学生就要分配多少块内存空间，也就是建立多少个结点。当然用结构体数组也可以完成上述工作，但是如果预先不能准确把握学生人数，就无法确定数组大小。而且当学生留级、退学后又不能释放该元素占用的空间。

用动态内存分配的方法就可以解决这些问题。有一个学生，分配一个结点，无须预先确定学生的人数。某学生退学，可删去该结点，释放该结点占用的存储空间。另外，用数组的方法必须占用连续内存区域，而使用动态分配时，各个结点之间可以不连续（结点内是连续的）。结点之间的联系，是用指针来实现，即在结点结构中定义一个成员项，用来存放下一结点的首地址，这个用于存放地址的成员称为指针域。

这样，在第一个结点的指针域存入第二个结点的首地址，在第二个结点的指针域存入第三个结点的首地址，如此串连下去直到最后一个结点。最后一个结点因无后续结点连接，指针域可赋以 NULL。这样一种连接方式，在数据结构中称为"链表"。其示意如图 7.10 所示。

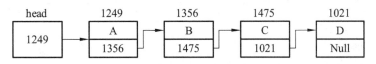

图 7.10   链表示意图

图 7.10 中，head 是一个指针变量，存放第一个结点的首地址。以下的结点分为两个域，一个是数据域，存放各种数据，譬如学号 num，姓名 name，性别 sex 和成绩 score 等；另一个是指针域，存放下一结点的首地址。链表中的每一个结点有同一种结构类型。例如一个存放学生学号和成绩的结点的结构如下：

```
struct stu
{
int num;
int score;
struct stu *next;
};
```

前两个成员项组成数据域，后一个成员项 next 构成指针域，是一个指向 stu 类型结构的指针变量。

7.6.2 链表的操作运算

链表的基本操作包括创建链表、链表检索（查找）、插入结点和删除结点。

（1）创建链表是向空链表中依次插入各个结点，并保持结点之间的前驱和后继关系。

（2）检索操作是按给定的结点索引号或检索条件，查找结点。如果找到指定的结点，称为检索成功；否则，称为检索失败。

（3）插入操作是在结点 k_{i-1} 与 k_i 之间插入一个新的结点 k，线性表长度增加 1，且改变 k_{i-1} 与 k_i 之间的逻辑关系。插入前，k_{i-1} 是 k_i 的前驱，k_i 是 k_{i-1} 的后继；插入后，新的结点 k 成为 k_{i-1} 的后继和 k_i 的前驱。

（4）删除操作是删除结点 k_i，线性表长度减 1，且 k_{i-1}、k_i 和 k_{i+1} 之间的逻辑关系发生变化。删除前 k_i 是 k_{i+1} 的前驱和 k_{i-1} 的后继；删除后 k_{i-1} 成为 k_{i+1} 的前驱，k_{i+1} 成为 k_{i-1} 的后继。

【例 7.9】调用函数实现单链表的建立、输出、插入和删除操作。程序如下：

```c
#include<stdio.h>
#include<stdlib.h>
typedef struct list
{
    int data;
    struct list *next;              //指针域
}lnode,*linklist;
linklist head;
lnode * create()                    //创建 10 个整数的单链表
{
    int i;
    linklist head,p;
    head=(linklist)malloc(sizeof(lnode));
    head->next=NULL;
    for(i=0;i<10;i++)
    {
        p=(linklist)malloc(sizeof(lnode));
        scanf("%d",&p->data);
        p->next=head->next;
        head->next=p;
    }
    return head;
}
void print()                        //输出链表中的各元素
{
    linklist p;
    p=head->next;
```

```
        while(p)
        {
            printf("%d ",p->data);
            p=p->next;
        }
        printf("\n");
}
void insert(int i,int e)                //在单链表的第 i 个元素之前插入 e 元素
{
        linklist p = head ,s;
        int j=0;
        while (p && j<i-1)
        {
            p = p->next;
            ++j;
        }
        if(p)
        {
            s=(lnode *) malloc ( sizeof (lnode));
            s->data=e;
            s->next=p->next;
            p->next=s;
        }
}
void del(int i)                         //删除单链表中第 i 个元素
{
        linklist p=head,q;
        int j=0;
        while(p->next && j<i-1)
        {
            p=p->next;
            ++j;
        }
        if(p->next)
        {
            q=p->next;
            p->next=q->next;
            free(q);
        }
```

```
    }
void main()
{
        head=create();                        //创建单链表
        printf("输出单链表元素：\n");
        print();
        insert(3,88);                         //在第 3 个元素之前插入 88
        printf("输出插入数据后的单链表元素：\n");
        print();
        del(5);                               //删除第 5 个元素
        printf("输出删除指定元素后的单链表元素：\n");
        print();
}
```

程序运行结果如图 7.11 所示。

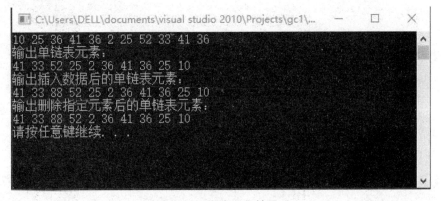

图 7.11　程序运行结果

7.7　共用体和枚举型

7.7.1　共用体

1. 共用体的概念

C 语言编程中，有时需要将几种不同类型的变量存放到同一段内存单元中，即几个不同的变量占用同一段内存的结构。这种共用内容单元的结构被称为"共用体"。

2. 共用体类型的定义

共用体类型的定义如下：

```
union 共用体名
{ 成员列表 };
```

其中，成员列表中每个成员定义格式为：类型名 成员名。

182

3. 共用体变量的定义

与结构体变量的定义类似，共同体变量的定义也有三种方法：定义类型的同时定义变量；定义类型后，用类型名定义变量；不给类型名，直接定义变量。定义类型的同时定义变量，我们一般称为变量的直接定义；先定义类型，再定义变量，称为变量的间接定义。

（1）间接定义：先定义类型，再定义变量，例如定义 data 共用体类型变量 un1、un2、un3 的语句如下：

```
union data un1,un2,un3;
```

（2）直接定义：定义类型的同时定义变量，例如：

```
union [data]
{
int i;
char ch;
float f;
} un1,un2,un3;
```

共用体变量占用内存空间等于最长成员的长度，而不是各成员长度之和。例如共用体 un1、un2 和 un3，在 16 位操作系统中占用内存空间均为 4 字节。

4. 共用体变量的引用

共用体变量的引用与结构体变量一样，也只能逐个引用共用体变量的成员。例如访问共用体变量 un1 各成员的格式为：un1.i、un1.ch、un1.f。

5. 特　点

（1）系统采用覆盖技术，实现共用体变量各成员的内存共享，所以在某一时刻，存放的和起作用的是最后一次存入的成员值。例如执行 un1.i=1,un1.ch='c',un1.f=3.14 后，un1.f 才是有效成员。

（2）由于所有成员共享同一内存空间，共用体变量与其各成员的地址相同。例如＆ un1=＆ un1.i=＆ un1.ch=＆ un1.f。

（3）不能对共用体变量初始化（结构体变量可以）；也不能将共用体变量作为函数参数，以及使函数返回一个共用数据，但是可以使用指向共用体变量的指针。

（4）共用体类型可以出现在结构体类型定义中，反之亦然。

7.7.2　枚举型

在实际问题中，有些变量的取值被限定在一个有限的范围内。例如，一个星期内只有 7 天，一年只有 12 个月，一个班每周有 6 门课程等。如果把这些量说明为整型、字符型或其他类型，均不能准确地表达其含义。为此，C 语言提供了一种称为"枚举"的类型。在"枚举"类型的定义中列举出所有可能的取值。被说明为该"枚举"类型的变量取值，不能超过定义的范围。应该说明的是，枚举类型是一种基本数据类型，而不是构造类型，因为它不能再分解为任何其他基本类型。

1. 枚举类型的定义

enum 枚举类型名{取值表};

例如：

enum weekdays{Sun,Mon,Tue,Wed,Thu,Fri,Sat};

2. 枚举变量的定义

枚举变量的定义与共用体变量类似。

（1）间接定义。例如：

enum weekdays workday;

（2）直接定义。例如：

enum [weekdays]
{Sun,Mon,Tue,Wed,Thu,Fri,Sat}workday;

3. 说　明

（1）枚举型仅适用于取值有限的数据。例如现行历法规定，一周 7 天，一年 12 个月。

（2）取值表中的值称为枚举元素，其含义由程序解释。不因为写成"Sun"就自动代表"星期天"。事实上，枚举元素用什么表示都可以。

（3）枚举元素作为常量是有值的，即定义时的顺序号（从 0 开始），所以枚举元素可以比较，比较规则是序号大的为大。例如上例中的 Sun=0、Mon=1、……、Sat=6，所以 Mon>Sun，Sat 最大。

（4）枚举元素的值也是可以人为改变的，在定义时由程序指定。例如：

如果 enum weekdays{Sun=7,Mon=1,Tue,Wed,Thu,Fri,Sat}；则 Sun=7，Mon=1，从 Tue=2 开始，依次增 1。

7.8　用户自定义类型

C 语言编程中，除了直接使用 C 提供的标准类型和自定义的类型（结构、共用、枚举）外，还可使用 typedef 定义已有类型的别名。该别名与标准类型名一样，可用来定义相应的变量。

7.8.1　typedef 语句的一般形式及使用方法

1. 定义已有类型的别名

（1）按定义变量的方法，写出定义体；

（2）将变量名换成别名；

（3）在定义体最前面加上"typedef"。

【例 7.10】给实型 float 定义一个别名 REAL。

（1）按定义实型变量的方法，写出定义体：float f;

（2）将变量名换成别名：float REAL;

（3）在定义体最前面加上 typedef：typedef float REAL；

【例 7.11】给如下所示的结构类型 struct date 定义一个别名 DATE。

```
struct date
{int year,month,day;
};
```

（1）按定义结构体变量的方法，写出定义体：struct date{……}d。

（2）将变量名换成别名：struct date{……}DATE。

（3）在定义体最前面加上 typedef：typedef struct date{……}DATE。

7.8.2 使用 typedef 语句应注意的问题

（1）用 typedef 只是给已有类型增加一个别名，并不能创造一个新的类型。譬如一个人除了学名外，再取一个小名（或雅号），而不能创造出另一个人来。

（2）typedef 与#define 有相似之处，但是二者不同。前者是由编译器在编译时处理的，后者是由编译预处理器在编译预处理时处理，而且只能作简单的字符串替换。相比之下 typedef 灵活方便。用 typedef 定义数组、指针、结构等类型将带来很大的方便，不仅使程序书写简单而且使意义更为明确，增强了可读性。

7.9   本章小结

本章主要介绍了 C 语言的构造类型，包括结构体、共用体、枚举和用户定义类型别名的方法。本章知识框架如图 7.12 所示，建议读者进行更详细的补充。

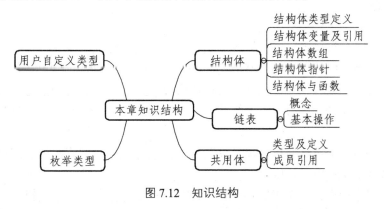

图 7.12   知识结构

实训 7   结构体与共用体

一、实训目的

1. 熟悉结构体类型变量与数组的概念、定义和使用。

2. 熟悉和掌握链表的概念以及对链表进行操作。

3. 学习和掌握共用体的概念与使用。

二、实训环境

同实训 1。

三、实训内容

1. 编写一个 create() 函数，按照规定的结点结构，创建一个单链表（链表中的结点个数不限）。

提示：首先向系统申请一个结点的空间，然后输入结点数据域的（2个）数据项，并将指针域置为空（链尾标志），最后将新结点插入到链表尾。对于链表的第一个结点，还要设置头指针变量。

2. 编写一个 insert() 函数，完成在单链表的第 i 个结点后插入 1 个新结点的操作。当 $i=0$ 时，表示新结点插入到第一个结点之前，成为链表新的首结点。

提示：通过单链表的头指针，首先找到链表的第一个结点；然后顺着结点的指针域找到第 i 个结点，最后将新结点插入到第 i 个结点之后。

3. 建立一个含有 5 个结点的单链表，每个结点的数据域由键盘输入，然后将链表结点的值反向输出。

4. 建立一个链表，每个结点包括学号、姓名、性别和年龄。输入一个年龄，如果链表中的结点所包含的年龄等于该年龄，则将此结点删除。

习题 7

一、填空题

1. 定义结构体的关键字是_____。

2. 一个结构体变量所占用的空间是_____。

3. 指向结构体数组的指针的类型是_____。

4. 通过指针访问结构体变量成员的两种格式为_____和_____。

5. 常常用结构体变量作为链表中的结点，每个结点都包括两部分：一个是_____；一个是_____。

6. 链表的最后一个结点的指针域常设置为_____，表示链表到此结束。

7. 共用体变量所占内存长度等于_____。

8. 在下列程序段中，枚举变量 c1 和 c2 的值分别是_____和_____。

```
main()
{
enum color{red,yellow,blue=4,green,white}c1,c2 ;
c1=yellow;
c2=white ;
printf("%d,%d\n",c1,c2);
}
```

9. 有如下定义：

```
 struct
{int x;
 char *y;
}tab[2]={{1, "ab"},{2, "cd"}},*p=tab;
```

则表达式*p->y 的结果是_____，表达式 *（++p）->y 的结果是_____。

10. 结构体数组中存有三人的姓名和年龄，以下程序输出三人中年龄最年长者的姓名和年龄，请在_____内填入正确内容。

```
 static struct man
{char name[20];
 int age;
}person[]={"liming", 18, "wanghua", 19, "zhangping", 20};
 main()
{struct man *p,*q;
 int old=0;
 p=person;
 for(;p_____;  p++)
        if(old<p->age)
            {q=p;_____; }
 printf("%s %d",_____);
}
```

二、选择题

1. 当说明一个结构体变量时，系统分配给它的内存是（   ）。

 A. 各成员所需内存量的总和   B. 结构中第一个成员所需内存量

 C. 成员中占内存量最大者所需的容量   D. 结构中最后一个成员所需内存量

2. 在如下结构体定义中，不正确的是（   ）。

 A. struct   teacher
   {int no;
    char name[10];
    float   salary
   };

 B. struct   tea[20]
   {int   no;
    char   name[10]
    float   salary;
   }

 C. struct   teacher
   {int no;
    char name[10];
   float score;
   }tea[20];

 D. struct
   {int   no;
    char   name[10]
    float   score;
   }stud[100];

3. 若有以下说明和语句：

```
struct    student
{int age;
```

```
    int num;
}std, *p;
p=&std;
```
以下对结构体变量 std 中成员 age 的引用方式不正确的是（   ）。

    A. std.age   B. p->age   C. (*p).age   D. *p.age

4. 下列程序的输出结果是（   ）。

```
 struct abc
{int a, b, c;}
 main()
{struct abc s[2]={{1,2,3},{4,5,6}};int t;
 t=s[0].a+s[1].b;
 printf("%d \n",t);
}
```

    A. 5   B. 6   C. 7   D. 8

5. 设有以下说明语句，下面叙述中正确的是（   ）。

```
 typedef   struct
{int n;
 char ch[8];
}PER;
```

    A. PER 是结构体变量名   B. PER 是结构体类型名

    C. typedef   struct 是结构体类型   D. struct 是结构体类型名

6. 若有以下说明和语句，则对 pup 中 sex 域的正确引用方式是（   ）。

```
 struct pupil
{char name[20];
 int sex;
}pup,*p;
 p=&pup;
```

    A. p.pup.sex   B. p->pup.sex   C. (*p).pup.sex   D. (*p).sex

7. 以下对枚举类型名的定义中正确的是（   ）。

    A. enum a={one,two,three}   B. enum a {one=9,two=-1,three}

    C. enum a={"one","two","three"}   D. enum a {"one","two","three"}

8. 以下各选项企图说明一种新的类型名，其中正确的是（   ）。

    A. typedef   v1   int;   B. typedef   v2=int;

    C. typedef   int   v3;   D. typedef v4:int;

三、程序设计

1. 定义一个能正常反映教师情况的结构体 teacher，包含教师姓名、性别、年龄、所在部门和薪水；定义一个能存放两人数据的结构体数组 tea，并用如下数据初始化：

```
{{"Mary",'W',40, 'Computer',1234},{"Andy", 'M',55, 'English',1834}};
```

要求：分别用结构体数组 tea 和指针 p 输出各位教师的信息，写出完整定义、初始化、输

188

出过程。

2. 有 5 个学生，每个学生的数据包括学号（num）、姓名（name）和总成绩（score），编程实现从键盘输入 5 位学生数据，按总成绩由高到低排序，输出排序后的学号、姓名和总成绩（为了简化问题，提示同学们可以将总成绩定义为 int；另外，在排序交换时，不能只交换总成绩变量值）。

3. 建立一个教师链表，每个结点包括编号（no）、姓名（name[8]）和工资（wage），写出动态创建函数 creat() 和输出函数 print()。

第8章 位运算

C 语言标准输出函数只能将一个整数以十进制（%d）、八进制（%o）和十六进制（%x）输出，没有二进制输出格式。若想实现将一个十进制整数以二进制形式输出，就需要使用位运算。位运算在底层处理数据时经常使用，如控制机床状态、电路信号等。本章将介绍 C 语言提供的 6 种位运算符的运算与应用，使读者理解、掌握位运算符的基本操作。

【学习目标】
- 认识位运算符
- 掌握位运算符的应用

8.1 位运算符

位运算是一种对运算对象按二进制位进行操作的运算。在 C 语言中，位运算的对象只能是整型数据或字符型数据，不能是其他类型的数据，运算结果仍是整型数据。位运算不允许只操作其中的某一位，而是对整个数据按二进制位进行运算。

C 语言提供了 6 种位运算符，如表 8.1 所示。

表 8.1　位运算符

位运算符	含义	优先级
~	按位取反	1（高）
<<	左移	2
>>	右移	2
&	按位与	3
^	按位异或	4
|	按位或	5（低）

以上位运算符中，只有按位取反运算符（~）为单目运算符，其余均为双目运算符。各双目运算符都可与赋值运算符结合为扩展的赋值运算符（位自反赋值运算符），如表 8.2 所示。

表 8.2　位自反赋值运算符

位自反赋值运算符	表达式	等价的表达式
<<=	a<<=2	a=a<<2
>>=	b>>=n	b=b>>n
&=	a&=b	a=a&b
^=	a^=b	a=a^b
|=	a|=b	a=a|b

190

8.2 位运算符的运算与应用

下面介绍 6 种位运算符的运算与应用。在进行位运算之前，需把参加位运算的对象的值转换为二进制数。

1. 按位取反运算

按位取反（ ~ ）是位运算中唯一的一个单目运算符，运算对象置于运算符的右边，其运算功能是把运算对象的内容按位取反，即每一位上的 0 变 1、1 变 0。例如：

a=00011010，~a=11100101

2. 左移运算

左移运算符（<<）用于将一个数的各个二进制位全部向左平移若干位（左边移出的部分忽略，右边补 0）。

若 a=15，即二进制数位 00001111，执行语句 a=a<<2，左移 2 位得 00111100，即十进制数 60。

左移 1 位相当于该数乘以 2，左移 2 位相当于该数乘以 4，但此结论只适用于该数左移时被溢出舍弃的高位中不包含 1 的情况。例如：

```
unsigned char a=26;        //  (26)10=(0001 1010)2=(1A)16
a=a<<2;                    //  (0110 1000)2=(68)16=(104)10
```

左移比乘法运算快得多，有些编译程序自动将乘以 2 的运算用左移 1 位来实现，将乘 2^n 的幂运算处理为左移 n 位。

3. 右移运算

右移运算符（>>）用于将一个数的各个二进制位全部向右平移若干位（右边移出的部分忽略，左边对无符号数补 0，有符号数补符号位）。

每右移 1 位，相当于除 2，右移 n 位相当于除 2^n。例如：

```
unsigned char a=0x9A;      //  (9A)16=(154)10=(1001 1010)2
a=a>>2;                    //  (0010 0110)2=(26)16=(38)10
```

4. 按位与运算

按位与运算符（&）将其两边数据对应的二进制位按位进行与运算。与逻辑与运算规则一致，两者都为 1 则结果为 1，否则为 0。例如：

a=1011 1010

b=0110 1110

a&b=0010 1010

结论：与 1 按位与为 1，那么该位为 1；与 1 按位与为 0，那么该位为 0。所以，与 1 按位与可用于检测某个位是 1 还是 0。

按位与还可进行清零、取指定位、保留指定位等特殊用途。

清零，即使全部二进制位置为 0，只要找一个二进制数，其中各个位符合条件：原来的数中为 1 的位，新数中相应的位为 0，其他位不考虑，然后使二者进行&运算，即可达到清零的目的。

取指定位，即取一个数中的某些指定位。若有一个整数 a（2 字节）。想取其中的低字节数，只需将 a 与(377)$_8$ 按位与即可。若想取两个字节中的高字节，只需 a 与(177400)$_8$ 按位与即可。

保留指定位，若想将哪一位保留下来，就与一个数进行&运算，此数在该位取 1，其余位为 0。

5. 按位或运算

按位或运算符（|）将其两边数据对应的二进制位按位进行或运算。与逻辑或运算规则一致，二者只要有 1 个为 1 则结果为 1；否则为 0（两者都为 0 时为 0）。例如：

a=0010 1011

b=1001 0100

a|b=1011 1111

结论：与 0 按位或为 1，那么该位为 1；与 0 按位或为 0，那么该位位 0。就是说任何位与 0 按位或还是等于这一位（保持不变）。

按位或运算常用将一个数据的某些位定值为 1。例如，a 是一个整数（16 位），有表达式 a|0377,则低 8 位值全为 1，高 8 位保持不变。

6. 按位异或运算

按位异或运算（^）也称 XOR 运算。将其两边数据对应的二级制位按位进行异或运算，若二者相同，结果为 0，若二者不同（相异），结果为 1。例如：

a=0010 1011

b=1001 0110

a^b=1011 1101

结论：任何位与 1 按位异或，等价于对该位取反。

异或运算符的应用：

（1）使用按位异或运算，可使特定位翻转。例如，假设有数 0111 1010，想使其低 4 位翻转，即 1 变 0,0 变 1，可以将其与 0000 1111 进行异或运算即可。

```
    0111 1010
^   0000 1111
    ─────────
    0111 0101
```

结果值的低 4 位正好是原值低 4 位的翻转。要使哪几位翻转就将其进行异或运算的哪几位置为 1 即可。

（2）与 0 异或，保留原值。

（3）交换两个值，不用临时变量。

假如要将 a 和 b 的值交换，可以用以下赋值语句来实现。

```
a=a^b;
b=b^a;
a=a^b;
```

【例 8.1】使用位操作实现将一个十进制整数转换为二进制数输出。

程序分析：

设置一个屏蔽字，其中只有一位为 1，其余位为 0，为 1 的位为测试位。将此屏蔽字与被转换数进行按位与运算，根据运算结果判断被测试位是 1 还是 0。循环测试（一个整数 2 个字节，16 位，测试 16 次，从最高位开始测试，每次测试后屏蔽字右移 1 位以便测试下一位）并输出测试结果就是整数对应的二进制数。

程序代码如下：

```c
# include <stdio.h>
main ( )
{
    int i,bit;                      //定义循环变量 i 和位标志变量 bit
    unsigncd int n,mask;            //定义要转换的整数 n 和屏蔽字变量 mask
    mask=0x8000;                    //初始屏蔽字，从左边最高位开始检查
    printf("Enter a integer: ");
scanf("%d",&n);                     //输入要转换的整数
printf("binary of %u is: ",n);
for(i=0;i<16;i++)                   //循环检查 16 位，并输出结果
{
  if (i%4==0 && i !=0)
      printf(",");                  //习惯上二进制数每 4 位用","分隔以便查看
  bit=(n&mask)?1:0;                 //确定该位上的值
  printf("%ld",bit);               //输出 1 或 0
  mask=mask>>1;                     //右移 1 位得到下一个屏蔽字
}
printf("\n");
}
```

程序运行结果如图 8.1 所示。

图 8.1　进制转换程序运行结果

8.3　本章小结

C 语言是为描述系统而设计的，因此它具有汇编语言所能完成的一些功能。C 语言既有高级语言的特点，又具有低级语言的功能，因而具有广泛的用途和很强的生命力。本章主要介

绍了位运算符的功能和应用，很适合编写系统软件，是 C 语言的重要特色。很多嵌入式系统、计算机在检测和控制领域中都会应用位运算的知识，因此读者应该学习和掌握本章的内容。

本章知识结构如图 8.2 所示。

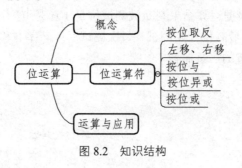

图 8.2 知识结构

实训 8 位运算

一、实训目的

1. 熟悉位运算的概念，掌握位运算符的使用。

2. 通过实训掌握位操作。

二、实训环境

同实训 1。

三、实训内容

1. 编写一个函数 getbits，从一个 16 位的单元中取出某几位（即该几位保留原值，其余位为 0）。函数调用格式为：

```
getbits（value，n1，n2）
```

value 为该 16 位数的值，n1 为预取出的起始位，n2 为预取出的结束位。比如：

```
getbits（0101675，5，8）
```

表示对八进制数 101675，取出其左起第 5 位到第 8 位。要求把这几位数用八进制的形式打印出来。注意将这几位数右移到最左端，然后用八进制形式输出。用笔算结果与之比较，以验证运算的正确性。

2. 编写一个函数用来实现左右循环移位。函数名为 move，调用方法为：

```
move（value，n）
```

其中 value 为要循环位移的数，n 为位移的位数。n<0 表示为左移；n>0 为右移。例如 n=4 表示右移 4 位，n=-3 表示左移 3 位。

习题 8

一、填空题

1. 设 x=10100011，若要通过运算 x^y 使 x 的低 4 位取反，高 4 位不变，则变量 y 的二进制数为_____。

2. m 为任意整数，能将变量 m 清零的表达式是_____。

3. k 是八进制数 07101，能将变量 k 中的各二进制位均置 1 的表达式为_____。

4. 有定义 "char a,b;"，若想通过 a&b 保留 a 的第 3 位和第 6 位，则 b 的二进制数应该为_____。

5. 运用位运算，能将字符型变量 ch 中的大写字母转换成小写字母的表达式为_____。

二、选择题

1. 已知小写字母 a 的 ASCII 码为 97，以下程序段的结果是（　　　）。

```
unsigned int a=32,b=68;
printf("%c",a|b);
```

    A. b
                B. 98

    C. d
                D. 100

2. 以下程序段的输出结果是（　　　）。

```
char a=111;
a=a^0;
printf("%d,%o",a,a);
```

    A. 111,157
                B. 0,0

    C. 20,24
                D. 7,7

3. 下列程序运行后的输出结果为（　　　）。

```
main ( )
{
    char a=040;
    printf("%d\n",a=a<<1);
}
```

    A. 100
                B. 160

    C. 120
                D. 64

4. 有以下程序段：

```
int a=3,b=4;
a=a^b;   b=b^a;   a=a^b;
```

执行上述语句后，a 和 b 的值分别是（　　　）。

    A. a=3,b=4
                B. a=4,b=4

    C. a=4,b=3
                D. a=3,b=3

5. 下列程序运行后的输出结果为（　　　）。

```
main ( )
{
    int a=35;
    char b='A';
    printf("%d\n",(a&15)&&(b<'a'));
}
```

A. 0   B. 1

C. 2   D. 3

6. 设有定义语句"char c1=92,c2=92;",则以下表达式中值为 0 的是（   ）。

A. c1^c2   B. c1&c2

C. ~ c2   D. c1|c2

第9章 文 件

在计算机中，所有的程序、数据均以文件为单位存储，C语言程序也是这样。本章首先介绍 C 语言中文件的概念、文件类型、文件类型指针，其次介绍文件的基本操作，最后介绍文件相关的基本函数应用。

【学习目标】

- 了解文件的概念和类型
- 理解文件类型指针
- 掌握文件的基本操作
- 熟悉文件相关基本函数的功能

9.1 文件概述

文件是程序设计中的一个重要的概念，是一组存储在外部存储介质上的数据的集合。在 C 语言程序设计中，按文件的内容可以将其分为两类：程序文件和数据文件。存储程序代码的文件称为程序文件，存储数据的文件称为数据文件。C 程序中的输入和输出文件都是以数据流的形式存储在介质上的。按数据在介质上的存储方法可分为文本文件和二进制文件。这两种文件都可以用顺序方式和随机方式存取。

1. 文件的读和写

在程序中，当调用输入函数从外部文件中输入数据赋值给程序中的变量时，这种操作称为"输入"或者"读"；当调用输出函数把程序中变量的值输出到外部文件中时，这种操作称为"输出"或者"写"。

2. 流式文件

"流"可以理解为流动的数据及其来源和去向，并将文件看成承载数据流动所产生的结果的媒介。而对文件的读和写就看成是在"文件流"中取出或存入数据。在 C 语言中，对于输入和输出的数据都是按"数据流"的形式进行处理，即输出时系统不添加任何信息，输入时逐一读入数据，直到遇见 EOF 或文件结束标记。C 程序中的输入/输出文件都是以数据流的形式存储在介质上的。

3. 文本文件和二进制文件

文本文件又称 ASCII 文件，是一种字符流文件。文本文件的输出与字符一一对应，每个字节存放一个 ASCII 码，便于对字符逐个处理或是输出显示。文本文件的优点是可以用各种文本编辑器直接阅读，但文本文件占用存储空间较多，计算机进行数据处理时需要转换为二进制形式，故程序效率较低。

二进制文件是把数据按其在内存中存储的二进制形式原样存储在磁盘文件中，是一种二进制流文件。二进制文件占用存储空间少，数据可不必转换直接在程序中使用，程序执行效率高，但二进制文件不可直接阅读、打印。

4. 顺序存取文件和随机存取文件

顺序存取文件是指每次打开文件进行读写操作时，总是从文件的开头开始，从头到尾顺序读写。

随机存取文件又称直接存取文件。其特点是，可以通过调用 C 语言的库函数指定开始读写的字节号，然后直接对此位置上的数据进行读写。

9.2   文件类型指针

每个被使用的文件都需要在内存中开辟一个区域，存放文件的相关信息（如文件名称、文件状态及文件当前位置等）。这些信息保存在一个系统定义的结构体变量中。文件指针实际上就是指向这个结构体类型的指针。在头文件 stdio.h 中，通过 typedef 把此结构体命名为 FILE，用于存放文件当前的有关信息。

通常对 FILE 结构体的访问是通过 FILE 类型指针变量（文件指针）完成的，文件指针变量指向文件类型变量。简单地说，文件指针指向文件。

定义文件类型指针变量的一般形式如下：

FILE   * 指针变量名

例如：

FILE   *fp1, *fp2;

事实上只需要使用文件指针完成文件的操作，根本不必关心文件类型变量的内容。在打开一个文件后，系统开辟一个文件变量并返回此文件的文件指针，将此文件指针保存在一个文件指针变量中，以后所有对文件的操作都通过此文件指针变量完成，直到文件关闭，文件指针将指向的文件类型变量释放。

9.3   文件的基本操作

在 C 语言中，对文件的基本操作包括文件的打开与关闭、文件的读和写等。

1. 文件的打开

文件打开后才能进行操作，打开文件可用 C 语言提供的函数 fopen 实现。

调用 fopen 函数的格式如下：

文件指针名= fopen（"文件名","文件操作方式"）;

其中，"文件指针名"必须是说明为 FILE 类型的指针变量；"文件名"是要打开的文件名，可以是字符串常量或是字符数组；"打开文件方式"是指文件的类型和操作要求，如表 9.1 所示。

表 9.1　文件操作方式

文件操作方式	含义
"r"	只读，为输入打开一个文本文件（若文件不存在，则函数返回 NULL）
"w"	只写，为输出新建一个文本文件（若文件存在，则删除重建）
"a"	只写，向文本文件尾添加数据（若文件不存在，则新建）
"rb"	只读，为输入打开一个二进制文件（若文件不存在，则函数返回 NULL）
"wb"	只写，为输出新建一个二进制文件（若文件存在，则删除重建）
"ab"	只写，向二进制文件尾添加数据（若文件不存在，则新建）
"r+"	读写，为读写打开一个文本文件（若文件不存在，则函数返回 NULL）
"w+"	读写，为读写新建一个文本文件（若文件存在，则删除重建）
"a+"	读写，为读写打开一个文本文件（默认的读写位置在文件尾）
"rb+"	读写，为读写打开一个二进制文件（若文件不存在，则函数返回 NULL）
"wb+"	读写，为读写新建一个二进制文件（若文件存在，则删除重建）
"ab+"	读写，为读写打开一个二进制文件（默认的读写位置在文件尾）

例如：

```
FILE *fp;
fp=fopen("C.DAT","rb");
```

打开当前目录下的 C.DAT 文件，这是一个二进制文件，只允许进行读操作，并使 fp 指针指向该文件。

```
fp=fopen("C:\\CP\\README.TXT","rt");
```

以读文本方式打开指定路径下的文件。这里的路径字符串中的"\\"是转义字符，表示一个反斜杠。

2. 文件的关闭

对于使用 fopen 函数打开的文件，在完成文件操作后，都应关闭该文件，以防止文件被误用。"关闭"操作就是使文件指针变量不再与文件相关，不再能通过文件指针操作文件。文件关闭使用库函数 fclose，函数格式如下：

```
fclose(文件指针);
```

例如：

```
fclose(fp);
```

当文件成功关闭，函数返回 0，否则返回非 0。

应该养成在程序终止前关闭所有文件的习惯，如果不关闭文件将会丢失数据。因为在向文件写数据时，是先将数据输出到缓冲区，待缓冲区充满后才正式输出给文件。如果当数据未充满缓冲区而程序结束运行，就会将缓冲区中的数据丢失。用 fclose 函数关闭文件，可以避免这个问题，它先把缓冲区中的数据输出到磁盘文件，然后才释放文件指针变量。

3. 字符读写函数

字符读写函数是以字节为单位的读写函数，每次可以从文件读取或者向文件中写入一个字符。

1）写字符函数 fputc

该函数实现将一个字符写入指定的文件中，其格式如下：

fputc（字符，文件指针）；

其中，"字符"就是要往文件上写的字符，它可以是一个字符常量，也可以是一个字符变量；"文件指针"指向的是接收字符的文件。

说明：

（1）被写入的文件可以用写、读写和追加的方式打开，若用写或者读写的方式打开一个已经存在的文件时，文件的原有内容将被清除，从文件首开始写入字符。若使用追加的方式打开文件时，则写入的字符从文件末尾开始存放。被写入的文件如果不存在，则创建新文件。

（2）fputc 函数有一个返回值，若写入成功，则返回写入字符，否则返回一个 EOF。

（3）每写入一个字符，文件内部位置指针向后移动一个字符。这里，文件指针和文件内部指针不是一回事。文件指针是指向整个文件，需要在程序中定义，只要不重新赋值，文件指针的值是不变的。文件内部的位置指针用以指示文件内部的当前读写位置，每读写一次，该指针就会向后移动，它不需要在程序中定义，而是由系统自动设置。

2）读字符函数 fgetc

该函数实现从指定的文件中读取一个字符，其格式如下：

字符变量 = fgetc（文件指针）；

该函数返回值为输入的字符，若遇到文件结束或是出错，则返回 EOF（-1）。

说明：

（1）在 fgetc 函数调用中，读取的文件必须是以读或者读写方式打开。

（2）读取字符的结果也可以不向字符变量赋值。例如：

fgetc(fp);

（3）每读出一个字符，文件内部位置指针向前移动一个字符。

【例 9.1】从键盘输入字符，以输入"*"为止，逐个存到磁盘文件中，并且再读该文件，将写进的字符显示到屏幕上。 程序如下：

```
#include<stdio.h>
#include<stdlib.h>
int main()
{FILE *fp;
    char c,filename[30];
    printf("Please input filename:\n");
    gets(filename);
    if((fp=fopen(filename,"w"))==NULL)
        {printf("cannot open the file\n");
         exit(0);
        }
```

```
        printf("Please input the string you want to write:\n");
        c=getchar();
        while(c!='*')
                {fputc(c,fp);
                    c=getchar();
                }
        fclose(fp);
        printf("The file is:\n");
        fp=fopen(filename,"r");
while(c=getc(fp)!=EOF)
{putchar(c);}
fclose(fp);
return 0;
}
```

程序运行结果如图 9.1 所示。

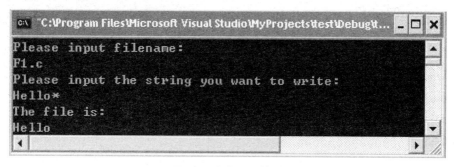

图 9.1   程序运行结果

4. 字符串读写函数

1）读字符串函数 fgets

函数 fgets 用于从指定的文件中读出一个字符串到字符数组中。其调用格式：

fgets(字符数组名,n,文件指针);

这里 n 是一个正整数，表示从文件中读出的字符串不超过 n-1 个字符，最后一个字符后面添加串结束标志'\0'。读取过程中若遇到换行符或者文件结束标志（EOF），则读取结束。

2）写字符函数 fputs

函数 fputs 用于将一个字符串写入指定的文件。其调用格式：

fputs(字符串,文件指针);

这里，字符串可以是字符常量，也可以是字符数组或者字符指针。

【例 9.2】从键盘输入一个字符串，存到磁盘文件中，并且再读该文件，将写进的字符串显示到屏幕上。程序如下：

#include<stdio.h>

#include<stdlib.h>

```c
#include<string.h>
int main()
{FILE *fp;
 char string1[100],filename[30];
 printf("Please input filename:\n");
 gets(filename);
 if((fp=fopen(filename,"w"))==NULL)
        {printf("cann't open the file");
exit(0);}
    printf("Please input the string you want to write:\n");
    gets(string1);
    if(strlen(string1)>0)
        {fputs(string1,fp);}
    fclose(fp);
    if((fp=fopen(filename,"r"))==NULL)
        {printf("cann't open the file");
            exit(0);}
printf("The file is:\n");
    while(fgets(string1,100,fp)!=NULL)
    puts(string1);
    fclose(fp);
return 0;
}
```

程序运行结果如图 9.2 所示。

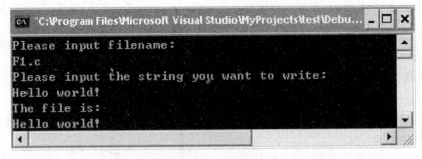

图 9.2　程序运行结果

5. 文件的数据块读写函数

1）数据块读函数 fread()

该函数用于从指定的文件中读取规定大小的数据块，存入指定的内存缓冲区。其调用格式：

    fread(p,size,n,p);

其中，p 是指向要输入/输出数据块的首地址的指针；size 是某类型数据存储空间的字节数（数据项大小）；n 是从文件中读取的数据项数；fp 是文件指针变量。

202

2）数据块写函数 fwrite()

该函数用于将一固定长度的数据块写入文件中，其调用格式：

fwrite(p,size,n,fp);

说明：p,size,n,fp 的含义与函数 fread()相同。

如果函数 fread 和 fwrite 在调用成功时，则返回值为 n 的值，即输入/输出数据项数；如果调用失败(读写出错)，则返回 0。

6. 文件格式化读写函数

文件中的输入/输出和数据的输入/输出基本类似。文件中的输入、输出函数为 fprintf 和 fscanf，它们都是格式化输入、输出函数。它与 printf 和 scanf 的区别在于它的读写对象是磁盘文件而不是键盘和显示器。

1）文件格式化输入函数 fscanf()

该函数用于按格式对文件进行输入操作。调用格式：

fscanf(文件指针，格式控制字符串，输入地址列表);

2）文件格式化输出函数 fprintf()

该函数用于按格式对文件进行输出操作。调用格式：

fprintf(文件指针，格式控制字符串，输出地址列表);

如果 fcanf 和 fprintf 函数调用成功时，则返回输出的字节数；如果调用失败(出错或文件尾)，则返回 EOF。

9.4 文件定位

在文件读写过程中，操作系统为每一个打开的文件设置了一个位置指针，指向当前读写数据的位置。每次读写一个字节后，该指针向后移动一个位置。它是一个无符号的长整型数据，用来表示当前读写的位置。在 C 语言中，文件读写方式分为顺序读写和随机读写。顺序读写时位置指针按字节顺序移动，随机读写时位置指针按需要移动到任意字节位置。

1. rewind 函数

函数 rewind 的功能是重置文件位置指针到文件开头。其调用格式：

rewind(文件指针);

【例 9.3】对一个磁盘文件进行显示和复制操作。

```c
#include<stdio.h>
int main()
{FILE *fp1,*fp2;
    fp1=fopen("d:\\1.c","r");
    fp2=fopen("d:\\2.c","w");
while(!feof(fp1))
putchar(getc(fp1));
    rewind(fp1);
```

```
while(!feof(fp1))
putc(getc(fp1),fp2);
    fclose(fp1);
    fclose(fp2);
    return 0;
}
```

2. ftell 函数

函数 ftell 的功能是返回位置指针当前位置（用相对文件开头的位移量表示），适用于二进制文件和文本文件。调用格式：

ftell(文件指针);

如果函数 ftell 调用成功，则返回当前指针位置；如果调用失败，则返回-1L。

3. fseek 函数

函数 fseek 的功能是改变文件位置指针的位置。调用的格式：

fseek(文件指针,位移量,起始位置);

文件指针是指被移动的文件，位移量是指移动的字节数，大于 0 则表明新的位置在初始值的后面，小于 0 则表明新的位置在初始值的前面。起始位置是指从何处开始规定位移量，具体数据如表 9.2 所示。该函数仅适用于二进制文件。

表 9.2　起始位置的含义

起始点	表示符号	数字表示
文件开始处	SEEK_SET	0
当前位置	SEEK_CUR	1
文件末尾处	SEEK_END	2

例如：

```
fseek(fp,30,0)        //从文件开始位置向文件结束方向移动 30 个字节
fseek(fp,-10,1)       //从当前位置向文件开始方向移动 10 个字节
fseek(fp,-8,2)        //从文件结束位置向文件开始方向移动 8 个字节
```

【例 9.4】磁盘文件上有 3 个学生数据，要求读入第 1 个和第 3 个学生的数据并显示。

```
#include <stdio.h>
#include<stdlib.h>
struct student_type
{
    int num;
    char name[10];
    int age;
    char addr[15];
}stud[3];
```

```
int main()
{
    int i;
        FILE *fp;
        if((fp=fopen("d:\\55.data","rb"))==NULL)
        {printf("can't open file\n");
                exit(0);}
            for(i=0;i<3;i+=2)
        {fseek(fp,i*sizeof(struct student_type),0);
                    fread(&stud[i],sizeof(struct student_type),1,fp);
                    printf("%s    %d   ·%d    %s\n",stud[i].name,stud[i].num,
        stud[i].age,stud[i].addr);
                        }
        fclose(fp);
        return 0;
}
```

9.5 本章小结

本章主要讲解了文件和文件指针的概念，介绍了文件的基本操作，主要是文件的打开与关闭、文件的读写、文件的定位等。此部分知识属于 C 语言程序设计的提高部分，相对较难。应该理解和掌握文件的读写操作，二级考试在本章主要考察的也是文件读写操作部分。因此读者应该学习和掌握本章的内容。

本章知识结构如图 9.3 所示。

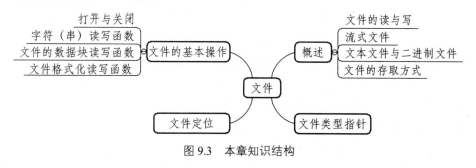

图 9.3 本章知识结构

实训 9 文件操作

一、实训目的

1. 熟悉 C 语言中文件和文件指针的概念、文件的打开与关闭。

2. 学习和掌握各种文件函数的使用、文件读写操作函数。

3. 学习和掌握有关文件指针的定位操作函数。

二、实训环境

同实训 1。

三、实训内容

1. 从键盘输入字符，逐个存到磁盘文件中，直到输入"#"为止，存储完毕，再读文本文件内容并显示。

提示：从键盘上获取一个输入，判断是否为"#"，如果不是"#"，将其写入打开的文件中，如果是"#"，则关闭文件。然后再以读的方式打开文件，依次将读到的字符输出。

2. 从键盘输入 4 个学生数据，把他们转存到磁盘文件中去。

提示：定义结构体数组，使用块写入函数将其写入文件中。

习题 9

一、填空题

1. 文件是指以文件名标志的一组相关数据的_____。

2. 在对文件进行操作的过程中，若要求文件的位置指针回到文件的开始处，应当调用的函数是_____。

3. 函数 getw()的功能是从 fp 所指向的文件中，读取一个_____。

二、选择题

1. 在 C 语言中，对文件的访问是通过文件指针来实现的，在 C 中有一个 FILE 类型，它是存放有关文件信息的结构体类型，请问 FILE 是在（　　　）头文件中定义的。

    A. stdio.h   B. iostream.h   C. dos.h   D. stdlib.h

2. 下列关于 C 语言文件的叙述中正确的是（　　　）。

    A. 文件由一系列数据一次排列组成，只能构成二进制文件

    B. 文件由结构序列组成，可以构成二进制文件或文本文件

    C. 文件由数据序列组成，可以构成二进制文件或文本文件

    D. 文件由字符序列组成，只能是文本文件

3. 函数 fputc()的功能是（　　　）。

    A. 文件关闭   B. 文件打开   C. 文件读取   D. 文件写入

4. 设 fp 已定义，执行语句"fp=fopen（"file"，"w"）;"后，以下针对文本文件 file 的操作叙述正确的是（　　　）。

    A. 写操作结束后可以从头开始读   B. 只能写不能读

    C. 可以在原有内容后追加写   D. 可以随意读写

三、阅读填空题

1. 以下程序的功能是将 file1.txt 的内容复制到 file2.txt 文件中，请填空。

```
#include<stdio.h>
```

```
main()
{
    file *f1,*f2;
    char ch;
f1=fopen("file1.txt",_____);
f2=fopen("file2.txt",_____);
while(_____)
    fputc(fgetc(f1),_____);
    _____;
    _____;
}
```

2. 以下程序的功能是从键盘输入一个字符串，把它输出到文 file1.dat 中，设以"#"作为结束的标记。请填空。

```
#include<stdio.h>
#include<stdlib.h>
{   file *fp;
    char ch;
    if((fp=_____)==NULL)
      {
        printf("Open error\n");
        exit(0);
      }
      while((ch=getchar())!='#')
          fputc(_____,fp);
      fclose(fp);
}
```

四、程序设计

1. 编写一个程序，将字符串"I love China"写入文件中。

2. 从键盘输入一些字符，逐个把它们送到磁盘上去，直到输入一个"#"为止。

3. 从键盘输入一个字符串，将小写字母全部转换成大写字母，然后输出到一个磁盘文件"test"中保存。输入的字符串以"!"结束。

附　录

附录 A　常用字符的 ASCII 码对照表

ASCII 值	控制字符	ASCII 值	控制字符	ASCII 值	控制字符	ASCII 值	控制字符
0	NUT	32	(space)	64	@	96	、
1	SOH	33	!	65	A	97	a
2	STX	34	"	66	B	98	b
3	ETX	35	#	67	C	99	c
4	EOT	36	$	68	D	100	d
5	ENQ	37	%	69	E	101	e
6	ACK	38	&	70	F	102	f
7	BEL	39	,	71	G	103	g
8	BS	40	(	72	H	104	h
9	HT	41	)	73	I	105	i
10	LF	42	*	74	J	106	j
11	VT	43	+	75	K	107	k
12	FF	44	,	76	L	108	l
13	CR	45	-	77	M	109	m
14	SO	46	.	78	N	110	n
15	SI	47	/	79	O	111	o
16	DLE	48	0	80	P	112	p
17	DCI	49	1	81	Q	113	q
18	DC2	50	2	82	R	114	r
19	DC3	51	3	83	X	115	s
20	DC4	52	4	84	T	116	t
21	NAK	53	5	85	U	117	u
22	SYN	54	6	86	V	118	v
23	TB	55	7	87	W	119	w
24	CAN	56	8	88	X	120	x
25	EM	57	9	89	Y	121	y
26	SUB	58	:	90	Z	122	z

ASCII 值	控制字符	ASCII 值	控制字符	ASCII 值	控制字符	ASCII 值	控制字符
27	ESC	59	;	91	[	123	{
28	FS	60	<	92	/	124		
29	GS	61	=	93	]	125	}
30	RS	62	>	94	^	126	~
31	US	63	?	95	—	127	DEL

附录 B   C 语言常用的标准库函数

标准 C 语言提供了大量的库函数，根据功能不同，声明于不同的头文件中。下面分类列举了一些 C 语言常用的库函数，由于篇幅有限，只列出函数名字及其功能。调用函数时请注意函数参数及函数返回值类型。

一、数学函数

调用数学函数时，要求源文件中包含头文件为#include<math.h>或者#include"math.h"的命令行。常用的数学函数如附表 B.1 所示。

附表 B.1   常用的数字函数

函数名	函数原型	功能	返回值	说明
abs	int abs(int x)	求整数 x 的绝对值	计算结果	
sin	Double sin(double x)	计算 sin x 的值	计算结果	X 单位为弧度
cos	double cos(double x)	计算 cos(x)的值	计算结果	X 的单位为弧度
fabs	double fabs(double x)	求 x 的绝对值	计算结果	
rand	Int rand(void)	产生随机-90 ~ +32767 的随机整数	随机整数	
exp	double exp(double x)	求 e^x 的值	计算结果	
fmod	double fmod(double x, double y)	求整除 x/y 的余数	返回余数的双精度实数	
log10	double log10(double x)	求 log10x	计算结果	
log	double log(double x)	求 $\log_e x$，即 ln x	计算结果	
pow	double pow(double x, double y)	计算 x^y 的值	计算结果	
sqrt	Double sqrt(double x)	计算 $\sqrt{x}$	计算结果	X 应≥0

二、字符函数

调用字符函数时，要求在源文件中包含命令行#include<ctype.h>。常用的字符函数如附表 B.2 表示。

附表 B.2   常用的字符函数

函数名	函数原型	功能	返回值	说明
isdigit	Int isdigit (int ch);	检查 ch 是否为数字（0 ~ 9）	是，则返回 1；不是，则返回 0	
isalpha	Int isalpha(int ch);	检查 ch 是否字母	是，则返回 1；不是，则返回 0	

函数名	函数原型	功能	返回值	说明
isalnum	Int isalnum (int ch);	检查 ch 是否是字母(alpha)或数字(numeric)	是字母或数字，则返回 1；不是，则返回 0	
iscntrl	Int iscntrl (int ch);	检查 ch 是否控制字符（其 ASCII 码在 0 和 0x1F 之间）	是，则返回 1；不是，则返回 0	

三、字符串函数

字符串操作函数声明在 string.h 中。在调用这些函数时，可以用字符串常量或字符数组名，以及 char 类型的变量，作为其 char * 类型的参数。常用的字符串函数如附表 B.3 所示。

附表 B.3　常用的字符串函数

函数名	函数原型	功能	返回值	包含文件
strcat	char *strcat(char *str1,char *str2);	把字符串 str2 接到 str1 后面，str1 最后面的'\0'被取消	Str1	string.h
strchr	char *strchr(char *str,int ch);	找出 str 指向的字符串中第一次出现字符 ch 的位置	返回指向该位置的指针，如找不到，则返回空指针	string.h
strcmp	char *strcmp(char *str1,char *str2);	比较两个字符串 str1、str2	Str1<str2，返回负数；Str1=str2，返回 0；str1>str2，返回正数	string.h
strcpy	char *strcpy(char *str1,char *str2);	把 str2 指向的字符串复制到 str1 中去	返回 str1	string.h
strlen	unsigned int strlen (char *str);	统计字符串 str 中字符的个数（不包括终止符'\0'）	返回字符个数	string.h
strstr	char *strstr(char *str1, char *str2);	找出 str2 字符串在 str1 字符串中第一次出现的位置(不包括 str2 的串结束符）	返回该位置的指针，如找不到，则返回空指针	string.h
tolower	int tolower(int ch);	将 ch 字符转换为小写字母	返回 ch 所代表的字符的小写字母	string.h
toupper	int toupper(int ch);	将 ch 字符转换为大写字母	返回 ch 所代表的字符的大写字母	string.h

四、动态存储分配函数

动态存储分配函数声明在 stdlib.h 中，但有些 C 编译程序还要求用 malloc.h。ANSIC 标准要求动态存储分配系统返回 void 指针。void 指针具有一般性，它们可以指向任何类型的数据。但目前 C 编译程序所提供的动态存储分配函数只能返回 char 指针，所以无论哪一种情况，都需要用强制类型转换方法把 void 或 char 转换成所需的类型。常用的动态存储分配函数如附表 B.4 所示。

附表 B.4　常用的动态存储分配函数

函数名	函数原型	功能	返回值
Calloc	Void *calloc(unsigned n, unsign size)	分配 n 个数据项的内存连续空间，每个数据项的大小为 size	分配内存单元的起始地址，如不成功，则返回 0
free	Void free(void *p)	释放 p 所指的内存区	无
malloc	Void *malloc (unsigned size)	分配 size 字节的存储区	所分配的内存区起始地址，如内存不够，则返回 0
Realloc	Void *realloc(void *p, Unsigned size)	将 p 所指出的已分配内存区的大小改为 size，size 可以比原来分配的空间大或小	返回指向该内存区的指针

附录 C　全国计算机等级考试二级 C 语言程序设计考试大纲（2018 年版）

一、基本要求

（1）熟悉 Visual C++集成开发环境。

（2）掌握结构化程序设计的方法，具有良好的程序设计风格。

（3）掌握程序设计中简单的数据结构和算法并能阅读简单的程序。

（4）在 Visual C++集成环境下，能够编写简单的 C 程序，并具有基本的纠错和调试程序的能力。

二、考试内容

1. C 语言程序的结构

（1）程序的构成、main 函数和其他函数。

（2）头文件、数据说明、函数的开始和结束标志以及程序中的注释。

（3）源程序的书写格式。

（5）C 语言的风格。

2. 数据类型及其运算

（1）C 的数据类型（基本类型、构造类型、指针类型和无值类型）及其定义方法。

（2）C 运算符的种类、运算优先级和结合性。

（3）不同类型数据间的转换与运算。

（4）C 表达式类型（赋值表达式、算术表达式、关系表达式、逻辑表达式、条件表达式和逗号表达式）和求值规则。

3. 基本语句

（1）表达式语句，空语句，复合语句。

（2）输入/输出函数的调用，正确输入数据并正确设计输出格式。

4. 选择结构程序设计

（1）用 if 语句实现选择结构。

（2）用 switch 语句实现多分支选择结构。

（3）选择结构的嵌套。

5. 循环结构程序设计

（1）for 循环结构。

（2）while 和 do-while 循环结构。

（3）continue 语句和 break 语句。

（4）循环的嵌套。

6. 数组的定义和引用

（1）一维数组和二维数组的定义、初始化和数组元素的引用。

（2）字符串与字符数组。

7. 函数

（1）库函数的正确调用。

（2）函数的定义方法。

（3）函数的类型和返回值。

（4）形式参数与实际参数，参数值的传递。

（5）函数的正确调用、嵌套调用及递归调用。

（6）局部变量和全局变量。

（7）变量的存储类别（自动、静态、寄存器和外部）、变量的作用域和生存期。

8. 编译预处理

（1）宏定义和调用（不带参数的宏及带参数的宏）。

（2）"文件包含"处理。

9. 指针

（1）地址与指针变量的概念，地址运算符与间址运算符。

（2）一维、二维数组和字符串的地址以及指向变量、数组、字符串、函数、结构体的指针变量的定义。通过指针引用以上各类型数据。

（3）用指针作函数参数。

（4）返回地址值的函数。

（5）指针数组，指向指针的指针。

10. 结构体（即"结构"）与共同体（即"联合"）

（1）用 typedef 说明一个新类型。

（2）结构体和共用体类型数据的定义和成员的引用。

（3）通过结构体构成链表，单向链表的建立，结点数据的输出、删除与插入。

11. 位运算

（1）位运算符的含义和使用。

（2）简单的位运算。

12. 文件操作

只要求缓冲文件系统（即高级磁盘 I/O 系统），对非标准缓冲文件系统（即低级磁盘 I/O 系统）不要求。

（1）文件类型指针（FILE 类型指针）。

（2）文件的打开与关闭（fopen，fclose）。

（3）文件的读写（fputc，fgetc，fputs，fgets，fread，fwrite，fprintf，fscanf 函数的应用），文件的定位（rewind，fseek 函数的应用）。

三、考试方式

上机考试，考试时长 120 分钟，满分 100 分。

1. 题型及分值

单项选择题 40 分（含公共基础知识部分 10 分）。 操作题 60 分（包括程序填空题、程序修改题及程序设计题）。

2. 考试环境

操作系统：中文版 Windows 7。 开发环境：Microsoft Visual C++ 2010 学习版。

参考文献

[1] 谭浩强，林小茶.C 语言程序设计[M]. 北京：清华大学出版社，2004.

[2] 陈建铎.C 语言程序设计[M]. 西安：西北大学出版社，2015.

[3] 程立倩.C 语言程序设计案例教程[M]. 北京：北京邮电大学出版社，2016.

[4] 李敬兆.C 语言程序设计教程[M]. 西安：西安电子科技大学出版社，2014.